PINGGU GAOCHAN JISHU TUJIE

平菇高产技术

牛长满　主编

图解

化学工业出版社
·北京·

图书在版编目（CIP）数据

平菇高产技术图解 / 牛长满主编．—北京：化学工业
出版社，2015.10（2024.12重印）
ISBN 978-7-122-24467-3

Ⅰ.①平… Ⅱ.①牛… Ⅲ.①平菇－蔬菜园艺－图解
Ⅳ.① S646-64

中国版本图书馆 CIP 数据核字（2015）第 143291 号

责任编辑：彭爱铭　　　　　　　　装帧设计：孙远博
责任校对：王　静

出版发行：化学工业出版社（北京市东城区青年湖南街 13 号　邮政编码
　　　　　100011）
印　　装：涿州市般润文化传播有限公司
850mm×1168mm　1/32　印张 4　字数 106 千字
2024 年 12 月北京第 1 版第 7 次印刷

购书咨询：010-64518888
售后服务：010-64518899
网　　址：http://www.cip.com.cn
凡购买本书，如有缺损质量问题，本社销售中心负责调换。

定　　价：29.80 元　　　　　　　　　　版权所有　违者必究

编写人员 平菇高产技术图解

主　　编　牛长满

副 主 编　杨晓菊　韩德伟

参编人员　程贵兰　辽宁农业职业技术学院

　　　　　崔颂英　辽宁农业职业技术学院

　　　　　唐　伟　辽宁农业职业技术学院

　　　　　张　晶　辽宁农业职业技术学院

　　　　　李洪忠　辽宁农业职业技术学院

　　　　　牛长满　辽宁农业职业技术学院

　　　　　杨晓菊　辽宁农业职业技术学院

　　　　　韩德伟　辽宁农业职业技术学院

　　　　　乔永旭　唐山师范学院

　　　　　梁利宝　山西农业大学

　　　　　马世宇　中国农函大食用菌基地

　　　　　韩玉才　大连良农食用菌基地

　　　　　付亚娟　中国农函大食用菌基地

前 言

　　食用菌具有很高的营养价值和药用价值，被誉为"人类理想的健康食品"、"植物性食品的顶峰"，同时许多工农业的废弃物尤其是富含纤维素、半纤维素、木质素的植物残体、下脚料都是优质的食用菌生产原料。

　　"节约资源，保护环境，坚持全面、协调、可持续的发展观"已经越来越成为全球的共识。在现代农业的"三维"循环结构中，食用菌因其特有的生存方式位于循环结构的起点和终点，其独特的价值魅力也越来越被世人所认可！我国已经成为世界食用菌生产大国，丰富的自然资源和劳动力资源以及先进技术的不断应用使我国的食用菌产业潜力更加巨大、前景更加广阔！改革开放以来，尤其是近年，党和国家一系列富民政策的出台，为我国食用菌产业的长足发展提供了坚强有利的政策保障，我国的食用菌产业焕发出了前所未有的生机和活力！特别是平菇已成为食用菌产业中的主力军。

　　平菇产业的迅猛发展，势必要求有更多的人才加入到这支庞大的队伍。本书正是为了满足该群体的需求而进行编写、创作的。

　　本书编写分工如下：杨晓菊、牛长满（第一章），牛长满（第二、五章），韩德伟、牛长满（第三章），崔颂英、张晶（第四、七章），程贵兰、唐伟（第六章）。李洪忠、乔永旭、梁利宝、马世宇、韩玉才、付亚娟等也参与了部分编写工作。

　　牛长满、杨晓菊等进行了前期统稿工作，牛长满对全书进行了最后的修改和统稿，该过程同时得到企业界朋友和兄弟院

前　言

校朋友的大力支持和帮助。在此对本书所有编写人员和参与协助人员的辛勤劳动深表谢意！

　　由于笔者水平所限以及时间仓促，书中难免存在不足之处，敬请读者批评指正。

编　者

2015 年 4 月

目 录

目 录

第一章 概述

第一节 平菇生产的意义和前景

一、平菇生产的意义

平菇又名糙皮侧耳，是可供人类食用的大型真菌，属异养型生物，常以腐生或寄生存活，靠分解外界的有机物获得营养而生长。平菇在我国种植历史悠久，尤其是在改革开放后的30多年里，食用菌产业迅猛地发展，我国也成为世界食用菌生产、消费和出口大国。食用菌产业已经成为粮、油、果、菜之后的第五大农作物，为促进中国农业发展、农民增收和改善人民生活作出了巨大的贡献。平菇在这些品种之中，又以材料来源广、抗逆性强、产量高、营养全、好管理、效益好而深得栽培农户的青睐。下面我们就谈谈平菇生产的意义。

（一）平菇是振兴农村经济的好品种

菇农在种植一种食用菌之前，首先都要想想这种菇市场认可吗？产量高吗？效益怎么样？好管理吗？平菇由于自身抗逆性强、产量高、效益好、便管理，故被誉为"食用菌生产的启蒙菇"和"食用菌生产的入门菇"等称号。广大菇农赞叹其为"原料广而价廉、生产易而不难、产量高而稳定、市场稳而不衰"，因此发展平菇生产是振兴农村经济的一条好途径。

（二）平菇具有较高的食药用价值

在老百姓餐桌上，平菇是很受欢迎的食用菌品种之一。它味道鲜美、营养丰富，具有较高的食用价值，含有丰富的蛋白质，以及人体必需的多种氨基酸、矿物质和维生素；同时还具有较高的食疗价值，可以调节人体免疫功能、降低胆固醇和血糖、清热解毒、改善新陈代谢等。

（三）平菇市场占有量大、认可度高

在中国食用菌市场里，平菇占有的份额是较高的，排名处于前茅。老百姓认为平菇味道鲜味，又富含营养，所以平菇是老百姓餐桌上的"常见客"，在食用菌生产中占有重要的地位。加上平菇产量高，品种多样，可以周年满足市场需求；同时市场价格很稳定。

（四）平菇生产可有效带动周边农户

目前的平菇生产主要还是劳动密集型生产模式，在当地龙头食用菌企业和农业合作社地带动下，可有效带动可观的农村闲散劳动力，有利于农村建设和治安稳定。对促进农村产业结构调整，确保农业增效、农民增收和农村环境改善具有重要意义。

（五）平菇生产是一种有效的生态循环农业

大力发展平菇产业能把大量废弃的农作物秸秆、木屑及畜禽排泄物等资源转化成为富含优质蛋白的平菇，是延长农业产业链和发展循环农业的重要组成部分，对实现"经济、生态、社会"三大效益的有机统一，具有非常重要的意义。

二、平菇开发的前景

目前，平菇生产是遍及全国的，市场认可度很高，由于平菇品种多样，适应性强，因此各地区均有一批中大型的食用菌生产基地在搞平菇种植。

随着人民生活实现全面小康，老百姓收入增加，饮食上已经不仅是解决温饱的问题，对"有品质、高健康、纯绿色"的生活质量的要求呼声更加强烈。食用菌营养丰富，栽培原料和培养过程远离农药的污染，是人类很好的健康食品，平菇未来的消费将会有所攀升，因此我国平菇的前景很广阔。

第二节　平菇国内外生产概况

一、平菇在国内食用菌发展的地位

平菇在中国栽培时间较早，在宋代的《菌谱》中即记载有平菇。20世纪70年代，河南省的刘存业利用棉籽壳栽培平菇技术获得成功，之后该技术得到普及和推广。随着平菇品种的不断驯化开发和栽培技术的不断完善和改进，平菇在中国的大江南北几乎都有栽培。

平菇的栽培相对金针菇、杏鲍菇、海鲜菇等栽培模式显得自动化程度不高，同时主要依靠老百姓散户种植较多，未形成规模、规范的生产区域。未来我国将加快食用菌产业转变增长方式，由注重数量向提高单产、质量转变；由依靠资源消耗向资源节约、再利用转变；由传统手工操作向提高技术装备水平转变；由分散小生产向专业化、集约化转变。因此未来平菇生产在形成区域性特色菌业的布局中将发挥巨大作用，其未来市场发展前景很广阔。

二、平菇在国外食用菌发展的地位

近年来，有媒体称北美的食用菌市场需求在不断增加，人们对食用菌产品开始呈现多样性的需求，并出现求过于供的局势。美国加利福尼亚蘑菇委员会有关负责人证明了这个信息，并表明北美的蘑菇需求量现已连续增加了五年。据该委员会计算，从2014年10月初到11月初，短短一个月内，本地蘑菇的零售额出现大幅增加。双孢蘑菇类增加了7.5%，其他食用菌品种增加了19%，平菇在此中的比例份额正在稳步扩大增长。

30年前欧美超市的货架上还几乎看不到平菇、金针菇等，如今平菇、金针菇、香菇、褐菇等都已经成为大众化菜肴。国际食用菌学会前主席Marck预测，平菇将成为美国最具市场潜力的食用菌。

第三节　平菇未来发展趋势

食用菌产业在我国农业和农村经济发展中的地位日趋重要，已经成为粮、油、果、菜之后的第五大农作物，为我国广大农村和农民最主要的经济来源之一，也是中国农业的支柱产业之一。平菇在该大环境之下，有着广阔和深远的发展空间。下面就谈谈平菇在未来的一些发展趋势。

一、平菇产业将向规模化、集约化发展

中国食用菌产业的"主力军"是小规模的农户。据中国食用菌协会的估计，中国约有1500万农户从事食用菌的生产及加工、营销等活动。随着我国经济的发展和国内外市场质量要求的不断提高，这种一家一户家庭式分散小生产的产品质量不稳定，特别是食品安全不能得到有效控制，不能满足市场对食品安全要求的需要。同时，这种散户受市场影响较大，当市场行情好时，农户一窝蜂去栽种；销量不好时，又有相当一部分农户去改种其它食用菌。这样造成市场较不稳定，同时缺乏有效的监管和调控机构，这些都对我国发展食用菌是不利的。特别是我国加入WTO后，国际市场农产品门槛不断提高，分散生产方式难以建立生产的可追溯体系，国际市场的开拓会受到严重制约。这种国内外市场要求必然促使我国食用菌生产方式向组织化、规模化、规范化、标准化的方向发展。

二、平菇产业将向中西部发展

随着各项惠农政策的出台，农业产业结构的调整、循环经济产业重视程度的增加，食用菌产业备受青睐，已经成为诸多省（市、区）、市、区、县的重点发展产业，新老产区的共同发展构成全国性的普遍增长。随着国家在未来十三五规划中进一步大力倡导和发展循环经济政策的出台，建设节约型社会、促进三农问题解决等各项措施的落实，在我国东部和中部地区食用菌产业稳步发展的同时，国家近年来积极推进"西部大开发战略"，食用菌产业是西部大

开发战略中的重要环节。近些年食用菌产业已经在西部地区呈现良好的发展趋势，特别是甘肃、宁夏、内蒙古等秸秆资源丰富的区域，食用菌产量近年来大幅度增长，已达到全国食用菌总产量的20%。

三、平菇产业将向观光休闲方向发展

随着人们生活水平的提高，休闲时间的增多，人们消费层次的不断提升，对食用菌产品的需求不仅仅是为了满足食用，而且要满足休闲娱乐、增长知识、拓展视野、养身保健等多方面的需求。因此，应将食用菌产业种植生产与旅游观光、采摘、观赏、盆景、餐饮、文化博览等综合开发结合起来，协调发展，建立一批环境优美的休闲菇业基地，通过食用菌观光旅游，使生活在城市中的人们了解一些食用菌生活的基本知识，观赏食用菌生长繁殖环境，采摘新鲜的子实体，品尝食用菌的美味，参观菌业的文化展示，购买食用菌的相关纪念品和保健品，体会收获的喜悦。与之相关的设施菇业、盆景制作、品种栽培技术和配套的相关产品开发将得到发展，这些必将成为食用菌产业中的新的发展空间。

四、平菇产业将向有机绿色产品方向发展

近年来，中国食用菌产业在增加产量的同时，更加注重提高质量、保证安全，食用菌生产开始从数量增长型向质量效益型转变。随着人们生活水平的不断提高，对绿色、有机食用菌的要求必然会提高，发展绿色、有机农业生产，消费安全、优质、营养、绿色、有机食用菌产品，是食用菌产业发展的趋势。

第二章 平菇的生活环境

第一节 平菇的生活史和繁殖方式

平菇由菌丝体和子实体两种基本形态组成。菌丝体为白色，为吸收外界水分、无机盐的营养体。子实体丛生或叠生，分菌盖和菌柄两部分。菌盖直径5～20cm，呈贝壳形或舌状，颜色有白色、乳黄色、灰色、黑色等多种；其菌褶延生，不等长、较密、形似刀片；菌柄生于菌盖一侧，白色、实心；孢子圆柱形，无色，光滑。

一、平菇的生活史

平菇的生活史，是指从孢子萌发、经历菌丝体、子实体阶段，直到产生第二代孢子的一个生命周期（图2-1）。

（1）孢子，为生命周期起点的标志。

（2）适宜条件下，孢子萌发形成单核菌丝。

（3）两条可亲和的单核菌丝间进行质配，形成异核的双核菌丝。双核菌丝每个细胞之间可见由细胞锁状联合形成的特殊"锁状"结构。

（4）在适宜的环境条件下，双核菌丝组织特异化，形成平菇所特有的幼嫩子实体（菇蕾），幼嫩的子实体要经历桑葚期、珊瑚期、成型期这三个阶段。

（5）菇蕾进一步长大形成成熟的平菇子实体，平菇子实体内的菌褶表面发育成担子，担子内细胞核经核配、减数分裂直至形成担孢子。

（6）孢子成熟、弹射，形成新的种性一致的孢子。完成一个生命周期。

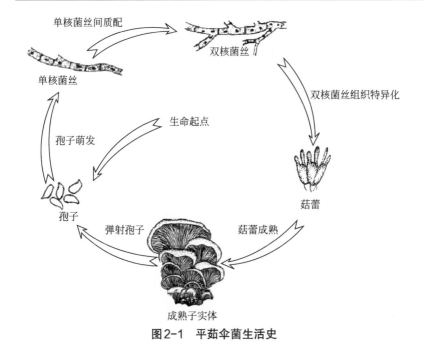

单核菌丝间质配

双核菌丝

单核菌丝

双核菌丝组织特异化

生命起点

孢子萌发

菇蕾

孢子

弹射孢子　　菇蕾成熟

成熟子实体

图2-1　平菇伞菌生活史

二、平菇的繁殖方式

食用菌的繁殖方式共有三种，即无性繁殖、有性繁殖和准性繁殖。而平菇主要的繁殖方式为无性繁殖和有性繁殖。

（一）无性繁殖

利用亲代食用菌机体上的一部分组织块而不通过有性孢子直接产生新个体的繁殖方式叫无性繁殖。食用菌的无性繁殖可以菌丝断裂的方式繁殖；也可以产生无性孢子的方式繁殖；还可以出芽方式繁殖。平菇的组织分离技术就是典型地利用了无性繁殖技术，从平菇子实体内部选取一块组织，在无菌适宜的条件下培养即可获得平菇菌丝。

（二）有性繁殖

通过有性生殖细胞的结合（如担孢子，图2-2），产生食用菌新个体的繁殖方式称有性繁殖。该法表现为可亲和性孢子萌发生成的两种形态无差别，但性别不同或相同的初生菌丝之间的结合。初生菌丝的性别是由萌发成孢子的不同核基因决定的。有性繁殖根据进行质配的单核菌丝的性别，又可以分为同宗结合和异宗结合。同宗结合指同一孢子萌发的菌丝间能通过自体结合而产生子代的生殖方式，这种方式在食用菌生殖中所占比例不高；异宗结合指不同性别的菌丝细胞之间结合才能产生子代的生殖方式，为食用菌有性繁殖的普遍形式。平菇两条单核菌丝间的质配属于异宗结合。

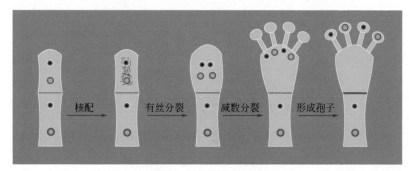

图2-2　担孢子形成图

（三）准性繁殖

准性繁殖在食用菌繁殖中不常见。它是食用菌菌丝发生突变或菌丝间融合生成异核体，进而分裂形成杂合二倍体，并发生有丝分裂交换与单倍体化的一种生殖方式。

第二节　平菇生长的环境条件

平菇对它生长的环境条件适应性很强，原材料利用很广，下面就平菇生长的营养和生活环境条件做一下介绍。

一、平菇生长的营养需求

（一）碳素营养

碳源是构成食用菌细胞物质或代谢产物中碳素来源的营养物

质，平菇是木腐菌，分解木质素和纤维素的能力很强，它能利用多种碳源，如单糖、双糖、多糖等，常利用的单糖有葡萄糖、果糖、甘露糖等；常利用的双糖有麦芽糖、蔗糖、纤维二糖和乳糖等；常利用的多糖来源于棉籽壳、玉米芯、木屑、稻草、麦秸、甘蔗渣等，这些物质均可用来栽培半菇。其中单糖和双糖在培养料中常以水溶液形式拌入培养料中，作为一种初期可被平菇菌丝迅速吸收的碳素营养来利用；而多糖则不能直接被平菇菌丝吸收利用，而是在平菇菌丝活力较强时，从机体中分泌出的胞外酶将这些高分子的多糖分解成简单的小分子化合物后，才能被菌丝吸收利用。平菇主要栽培利用的碳素营养分析评价见表2-1。

表2-1 平菇主要栽培利用的碳素营养分析评价

材料类型	营养成分	利用形式	注意事项
 木屑	一般木屑化学组成为水分13%，粗蛋白0.28%，粗脂肪4.5%，粗纤维和木质素9.5%，粗灰分0.56%	1.过筛，控制木屑颗粒的大小 2.常细混合搭配使用木屑 3.大木屑颗粒使用前要预湿发酵 4.常和孔隙度较大的培养料混合使用	一些松树、杉树和带有芳香挥发性物质的树木要慎用；一定要经过特殊处理和试验后再用
 棉籽壳	通常棉籽壳营养丰富，纤维素45%左右，粗蛋白31.4%，粗脂肪3.5%，木质素35%左右，粗灰分6.2%，还有多种矿质元素	为一种优良的培养原料，适合多种食用菌栽培，可进行生料栽培、发酵料栽培和全熟料栽培。棉籽壳使用前一般闷堆3h以上再使用	1.棉籽壳有长绒和短绒的区别，往往长绒的栽培效果较好 2.要注意棉籽壳中游离棉酚含量偏高的应处理后使用
 玉米芯	通常玉米芯含纤维素30%左右，可溶性碳水化物40%左右，粗蛋白2.5%，粗脂肪0.5%，木质素10%左右，粗灰分5%，还有多种矿质元素	1.过筛，控制玉米芯颗粒的大小 2.玉米芯使用前要预湿发酵 3.常和孔隙度较小的培养料混合伸用，如木屑等	刚刚打完玉米粒的新鲜玉米穗，在存放前要经过晾晒后粉碎使用，否则新鲜玉米穗含糖量较高，易产生霉菌危害，尤其是链孢霉

续表

材料类型	营养成分	利用形式	注意事项
秸秆	一般秸秆化学组成中含碳量45%左右，含氮量仅0.56%左右，因此碳氮比值较高。而且该类材料表面含蜡质较多	1.首先通过浸泡、碾压的方式破坏表层蜡质层 2.截断、粉碎成小段 3.常和孔隙度较小的培养料混合使用	因秸秆中含氮量较低，通常要往此类培养料内添加粪肥、麸皮、尿素等营养物质
蔗渣	通常蔗渣含纤维素45%左右，半纤维素25%左右，可溶性碳水化合物40%左右，粗蛋白2.0%，粗脂肪0.5%，木质素20%左右，粗灰分4%，还有多种矿质元素	为一种孔隙度良好的培养原料，特别适合平菇、金针菇、杏鲍菇等食用菌栽培，常晒干粉碎后使用。由于其显酸性，常在配制培养料时添加适量白灰	因蔗渣中含氮量较低，通常要往此类培养料内添加米糠、麸皮、尿素等营养物质。熟料栽培应预防链孢霉危害

（二）氮素营养

氮源是构成食用菌细胞物质或代谢产物中氮素来源的营养物质，平菇通常可利用无机氮和有机氮。常利用的无机氮有铵盐和硝酸盐；常利用的有机氮有蛋白胨、酵母膏、氨基酸、尿素、玉米浆、豆饼、蚕蛹粉、米糠、麸皮等。

碳氮比是指营养基质中的碳、氮浓度比值，称为碳、氮比（C/N）。平菇在营养生长阶段，C/N以（20～30）∶1为好，而在生殖生长阶段以40∶1为宜。

产品主要栽培利用的氮素营养分析评价见表2-2。

（三）矿质营养

矿质元素可构成食用菌的细胞成分、作为酶的组成成分、调解氧化-还原电位、调解细胞渗透压和pH值等。钙、磷、钾、硫、镁、锰、铁等矿质元素对平菇的生长发育也有良好的作用，但需求量少，常利用的矿质元素有$CaCO_3$、$MgSO_4$、KH_2PO_4、石灰、石膏等。平菇主要栽培利用的矿质营养分析评价见表2-3。

表2-2　平菇主要栽培利用的氮素营养分析评价

材料类型	营养成分	利用形式	注意事项
麸皮	是小麦加工的副产品，通常含粗纤维10%左右，可溶性碳水化合物55%左右，粗蛋白13%，粗脂肪3.8%，粗灰分4.8%，还有多种矿质元素和丰富的维生素等	主要作为氮素营养添加在培养料中。用量占培养料的5%～15%。阔叶麸皮的效果较好。对菌丝长势、抗病性、产量等有重要作用	1.储存前应注意干燥保存 2.如闻到有异味，发现有霉变的麸皮则应谨慎使用 3.不宜长期存放
米糠	是稻谷加工的副产品，通常含粗纤维11%左右，可溶性碳水化合物46%左右，粗蛋白9%，粗脂肪15%，粗灰分9.5%，还有多种矿质元素和丰富的维生素等	主要作为氮素营养添加在培养料中。用量占培养料的5%～15%。新鲜米糠手感滑润，游离脂肪酸低，并带有少量白色胚芽	1.储存前应注意干燥保存 2.如闻到有异味，发现有霉变的米糠则应谨慎使用 3.不宜长期存放
玉米粉	是玉米粒加工的产品，通常含粗纤维2%左右，可溶性碳水化合物72%左右，粗蛋白9%，粗脂肪4.2%，粗灰分2%，还有多种矿质元素和丰富的维生素等	主要作为氮素营养添加在培养料中。用量占培养料的5%左右。新鲜玉米粉手感滑润，带玉米清香。对菌丝长势、抗病性、产量等有重要作用	1.储存前应注意干燥保存 2.如闻到有异味，发现有霉变的玉米粉则应谨慎使用 3.不宜长期存放
豆饼	是大豆加工的产品，通常含粗纤维4.6%左右，可溶性碳水化合物35%左右，粗蛋白36%，粗脂肪7%，粗灰分5.1%，还有多种矿质元素和丰富的维生素等	主要作为氮素营养添加在培养料中。用量占培养料的5%左右。对菌丝长势、抗病性、产量等有重要作用	1.储存前应注意干燥保存 2.如闻到有异味，发现有霉变的豆饼则应谨慎使用 3.不宜长期存放

续表

材料类型	营养成分	利用形式	注意事项
尿素	为淡黄色或白色结晶,常呈小球状颗粒,含氮量45%左右,易溶于水,每100g水溶剂能溶解1080g。其化学性质稳定,但在高温高湿下易吸水受潮	主要作为速效性的氮素营养溶于营养液之中,添加在培养料中。用量通常不超过0.5%。对菌丝长势、抗病性、产量等有重要作用	1.储存前应注意干燥保存 2.如发现有受潮结块的尿素则应谨慎使用 3.尿素添加量应严格控制,若过高会影响菌丝发育甚至导致其死亡

表2-3 平菇主要栽培利用的矿质营养分析评价

材料类型	理化性质	利用形式	注意事项
碳酸钙	为白色粉末,难溶于水,但水中含较多CO_2时,则可促使其溶解形成可溶性的碳酸氢钙,其化学性质稳定。遇酸易分解,遇碱分解缓慢	用作食用菌培养料中的酸碱调节剂,可给菌丝生长提供钙素营养等;同时该物质在培养料中具有缓慢持久释放钙的作用,对菌丝生长较有利	1.施用时应控制用量在0.5%～1% 2.存放时应注意干燥保存;同时避免与酸性液体接触
硫酸镁	为白色晶体,易溶于水,溶解度25℃,每100g水溶剂能溶解25g;其化学性质稳定。遇酸碱较为稳定	常以水溶液形式加入食用菌培养料中,可给菌丝生长提供硫和镁等营养;可调节菌丝活性,对菌丝生长有利	1.施用时应控制用量在0.05%～0.1% 2.存放时应注意干燥保存;同时避免与酸性液体接触
石灰	为白色粉末,易溶于水,强碱性,生石灰遇水形成氢氧化钙,即熟石灰;其化学性质稳定。遇酸易发生反应	用作食用菌培养料中的酸碱调节剂,同时可给菌丝生长提供钙素营养等;生石灰还有杀菌的作用	1.施用时应控制用量在0.5%～3% 2.存放时应注意干燥保存;同时避免与酸性液体接触 3.其他一些喜酸性食用菌不宜添加石灰

续表

材料类型	理化性质	利用形式	注意事项
石膏	为白色粉末，有效成分为硫酸钙，微溶于水，其化学性质稳定。遇酸易分解，遇碱分解缓慢	可用作食用菌培养料中的酸碱缓冲剂，可给菌丝生长提供钙和硫等营养；同时该物质在培养料中具有固氮的作用，对菌丝生长较有利	1.施用时应控制用量在0.5%～1% 2.存放时应注意干燥保存 3.常在拌料时均匀撒于培养料中使用
过磷酸钙	为深灰色粉末，易吸湿结块，微溶于水，呈酸性，有效磷含量15%～20%，其化学性质稳定。遇酸较稳定，遇碱易发生反应	可用作食用菌培养料中的磷营养；也可调节料的酸碱度，但该材料释放磷的作用较为缓慢，对菌丝生长较有利	1.施用时应控制用量在0.5%～1% 2.存放时应注意干燥保存 3.常在拌料时均匀撒于培养料中使用
磷酸二氢钾	为白色结晶，易溶于水，呈酸性，有效磷含量15%～20%，空气中易潮解，其化学性质稳定，遇酸碱表现稳定	可用作食用菌培养料中的速效磷和钾营养；也可调节料的酸碱度，作为缓冲剂；对菌丝生长较有利	1.施用时应控制用量在0.1%左右 2.存放时应注意干燥保存

（四）微量因子营养

微量因子营养在平菇生长中需量甚微，但能明显促进平菇的生长发育。平菇生长常利用的微量因子营养有维生素、核酸、赤霉素、生长素等。一般情况下，这些营养可从栽培原料中获得，不需额外添加。平菇主要栽培利用的微量因子营养分析评价见表2-4。

表2-4　平菇主要栽培利用的微量因子营养分析评价

材料类型	理化性质	利用形式	注意事项
比久	为淡黄色或白色粉末，溶解度25℃，每100g水溶剂能溶解10g；可在室温下放置一年以上或在50℃放置5个月以上，其化学性质稳定。遇酸易分解，遇碱分解缓慢	用作食用菌生长调节剂，可促进菌丝生长抗病增强、菌丝生长健壮、产量增加等；同时还可作为保鲜剂使用。市场有水剂和粉剂两种	施用时应严格按浓度说明使用
维生素B$_1$	为白色晶体，易在空气中吸收水分而受潮。在酸性溶液中很稳定，在碱性溶液中不稳定，易被氧化和受热破坏。pH值3.5时可耐100℃高温，pH值大于5时易失效	在麸皮、米糠等材料中含量较丰富。可促进菌丝生长，产量增加等；市场主要为片剂和粉剂两种。食用菌栽培中一般不用专门添加	1.遇光和热效价下降。故应置于遮光，凉处保存，不宜久储 2.施用时应严格按浓度说明使用 3.即配即用
维生素B$_2$	为黄色粉末晶体，微溶于水，在中性或酸性溶液中加热是稳定的。在27.5℃下，溶解度为12mg/100mL。在强酸溶液中稳定。耐热、耐氧化。光照及紫外照射引起不可逆的分解	在麸皮、米糠等材料中含量较丰富。可促进菌丝生长，产量增加等；市场主要为片剂和粉剂两种。食用菌栽培中一般不用专门添加	1.遇光和热效价下降。故应置于遮光，凉处保存，不宜久储 2.施用时应严格按浓度说明使用 3.即配即用
三十烷醇	外观为白色鳞片状晶体，熔点范围85.5～86.5℃，不溶于水。产品性能稳定，在常温可以长期安全保存	用作食用菌生长调节剂，可促进菌丝生长抗病增强、菌丝生长健壮、原基分化和增加产量等；市场主要有0.1%悬浮剂和2%乳粉剂两种	施用时应严格按浓度说明使用

续表

材料类型	理化性质	利用形式	注意事项
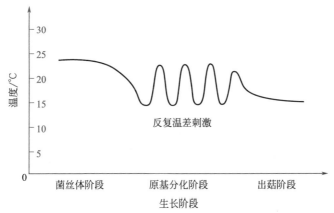 赤霉素	工业品为白结晶粉末，含量在98%以上，熔点233～235℃，可溶于乙酸乙酯、甲醇、乙醇或pH值6.2的磷酸缓冲液，水溶性5g/L	用作植物生长调节剂，可促进细胞伸长，如用于食用菌上，可促进菌丝生长、原基分化、产量增加等。市场有水剂和粉剂两种	施用时应严格按浓度说明使用

二、平菇的生活环境需求

（一）温度

温度是平菇生长发育的重要条件，菌丝在5～35℃可生长，适宜的温度为20～25℃；3℃以下或35℃以上，菌丝生长极其缓慢，40℃以上菌丝停止生长，甚至死亡。子实体形成与生长的温度范围是5～25℃，适宜的温度为15～20℃，环境温差可促使原基的形成与生长。所以平菇在菌丝体生长阶段到出菇阶段，温度呈现出"先高后低"的特点（图2-3）。

图2-3 平菇生长的温度需求规律

（二）湿度

湿度也是平菇生长发育的重要条件，包括培养料的含水量和空气相对湿度。菌丝体生长阶段，培养料的含水量范围在60%～65%，空气相对湿度范围在60%～70%，过低过高均会影响菌丝生长；原基分化阶段，空气相对湿度要求在75%～85%，湿度过低容易引起菌丝表面干燥而难以分化原基，湿度高于95%时，菌丝体表面易引起病害。子实体生长阶段，空气相对湿度要求在85%～95%，空气相对湿度低于70%时，子实体生长缓慢，甚至干枯、死亡；当空气相对湿度高于95%时，子实体易腐烂或引起其他病害。所以平菇在菌丝体生长阶段到出菇阶段，湿度呈现出"先低后高"的特点（图2-4）。

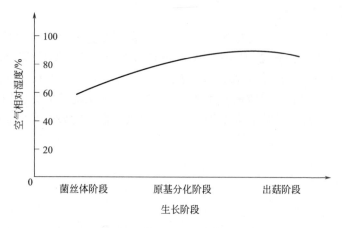

图2-4 平菇生长的湿度需求规律

（三）光照

光线对平菇的生长发育也有一定的影响。菌丝生长阶段需要弱光和黑暗条件，光线强会抑制菌丝的生长；原基分化阶段和子实体阶段一般需要较强的散射光，光强度范围在500～1000lx，在完全黑暗条件下不能形成子实体。所以平菇在菌丝体生长阶段到出菇阶段，光线呈现出"先暗后明"的特点（图2-5）。

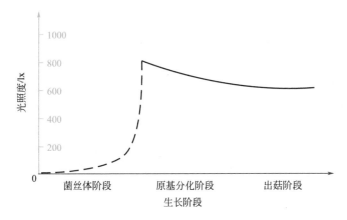

图2-5　平菇生长的光照需求规律

（四）空气

空气中O_2和CO_2对平菇生长发育也有重要影响。平菇属好氧性真菌，生长过程中需要充足的氧气。菌丝体生长阶段可忍受一定量的CO_2，当环境中CO_2含量在$20\%\sim30\%$时，菌丝仍能正常生长，但超过35%时菌丝生长开始受到抑制；而原基分化和子实体生长阶段需充足的氧气才能正常形成和生长，当环境中CO_2含量超过0.15%时，子实体易长成畸形菇。所以平菇在菌丝体生长阶段到出菇阶段，对O_2需求呈现出"先低后高"的特点（图2-6），因此在栽

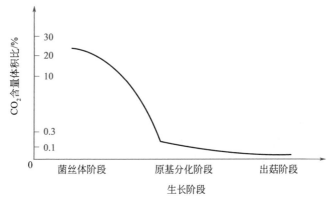

图2-6　平菇生长对CO_2需求规律

17

培平菇过程中，在原基分化和出菇阶段做好菇房内的通风换气，是获得高产优质平菇子实体的一项关键措施。良好的通风换气能补充菇房内新鲜 O_2，并排除过多的 CO_2 和其他代谢废气。

（五）酸碱度

平菇菌丝在pH值为3～9时均能生长，适宜的pH值范围为5.5～6.5。但由于堆置培养料、灭菌、平菇菌丝生长发育过程中的分泌酸性物等因素，会使培养料酸度降低，故在制作培养料时常将其调为碱性，所以平菇在菌丝体生长阶段到出菇阶段，对培养料酸碱度调配呈现出"先高后低"的特点（图2-7）。

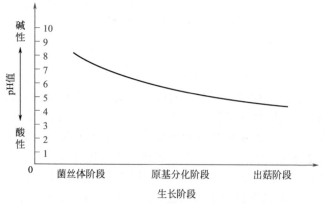

图2-7　平菇生长对酸碱度需求规律

生产常见问题及解析

案例一：有些企业和农户在使用玉米芯做平菇全熟料栽培，结果后期很多菌袋出现链孢霉的污染。

问题解析：造成出现链孢霉污染原因主要有如下几方面：一、玉米芯先期水分大，加之含糖量较高，就可能营造了链孢霉孢子的藏身之所；二、菇棚内以前感染过链孢霉，但处理不得当，空间仍有链孢霉孢子；三、培养原料处理不得当，玉米芯颗粒未完全预湿好则进行装袋、灭菌。

对　　策：一、玉米芯存储之前一定要充分晾晒干，否则在湿度高、含糖量高的玉米芯上容易滋生链孢霉；二、菇棚每次栽培前应对棚区进行消毒、杀菌工作，特别是对于以前发生过链孢霉危害的棚区，更要充分消毒；三、在做玉米芯全熟料栽培时，要充分预湿好玉米芯；如发现堆内有感染了链孢霉的玉米芯原料，应视情况，如若严重的，则应谨慎使用；如少量，则应将该原料发酵一段时间后再用。

案　例　二：有的农户在配制平菇培养原料时，配方内加入较高比例的麸皮等，结果后期出现菌丝生长浓密、旺盛，但原基分化迟缓的问题。

问题解析：当培养原料内加入比例超过25%以上的麸皮、稻糠等氮素营养时，会造成培养原料内C/N比例失调，菌丝朝向营养生长的方向发展。

对　　策：一、在配制培养料配方时，要调节培养料C/N以（20～30）：1为好；二、如果后期出现原基分化迟缓的问题，则可考虑适量向菌丝面喷施适量浓度的三十烷醇、比久等激素，同时拉大环境温差以刺激原基分化。

第三章　平菇栽培设施、设备及消毒灭菌技术

第一节　平菇的栽培设施

平菇菌种生产厂地最好选择地势开阔、植被覆盖良好、通风好、水电交通便利的向阳场地，并远离养殖场、垃圾场、污水处理场及释放污染气体的工厂及公路。菌种厂的厂房应根据菌种生产工艺流程合理布局，食用菌菌种生产工艺流程一般为：备料、清洗、培养基的配制、灭菌、冷却、接种、培养、检验、储藏。因此，菌种厂必须建造相应的仓库、洗涤间、原料配制室、灭菌车间、冷却室、接种室、培养室、化验室及储藏室等基本设施，此外还有一些辅助设施，如晾晒场、出菇试验区、锅炉房、配电室等。如图3-1所示。

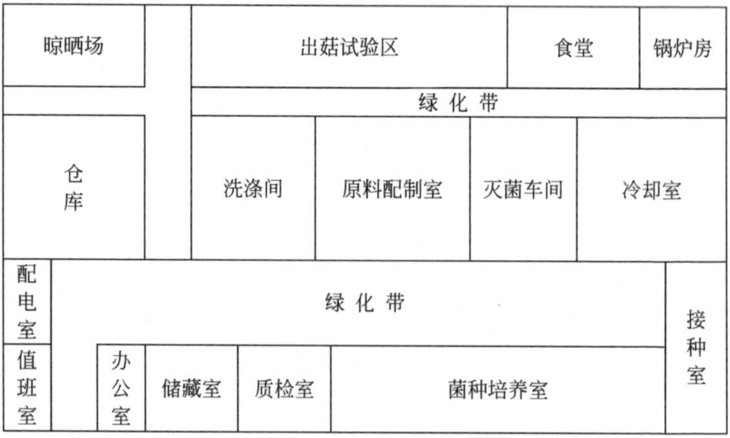

晾晒场	出菇试验区		食堂	锅炉房
	绿 化 带			
仓库	洗涤间	原料配制室	灭菌车间	冷却室
配电室	绿 化 带			接种室
值班室	办公室	储藏室 质检室	菌种培养室	

图3-1　标准化简易食用菌菌种生产厂区平面简图

（一）仓库

仓库用于盛放生产的原料，要求干燥、通风良好、环境卫生、最好铺设水泥地面。有条件的企业或个人可将辅料和主料分开放置。仓库内要及时清理时间较长的原料，并定期防治一些虫害、鼠害等。库房要有详细的出库和入库记录，包括要记录清楚原料的产地、时间、经手人、价格等。

（二）洗涤室

主要用以洗刷菌种瓶、试管等。室内应修建洗刷池及上、下水道，以利排除污水。并要配备搬运菌种瓶（袋）的筐篮、水管、大盆、瓶刷、洗衣粉等。

（三）原料配制室

生产原料将要在这里进行预处理，进行预湿、拌料、翻堆、装瓶（袋）等操作，地面要求平整光滑的水泥地面，并有较开阔的面积。该地方要配备拌料机、装袋机、周转筐、磅秤、称、天平、锨、桶等工具。

（四）灭菌车间

室内通常设有小型手提式高压蒸汽灭菌锅和立式、卧式高压蒸汽灭菌锅，同时根据每日预计生产用量确定相应规格的蒸汽灭菌柜或常压灭菌室等，以满足各级菌种培养基灭菌用。灭菌车间的占地面积无需太大，灭菌车间的一端通常和原料配制室相通，而另一端通常和冷却室相通。

（五）冷却室

冷却室内墙壁要求平滑，地面要求平整光滑的水泥地面，便于洗刷消毒。室内要求配置2～4支紫外线灯管、换气扇等设备，有条件的可于室内安装通往接种室的传送带。冷却室要定期消毒、清洁，确保空间洁净、无菌。

（六）接种室

接种室是生产中非常重要的核心设施。接种室要求无菌程度很高，目前有许多有实力的企业都建了百级无菌接种室。接种室常分里、外两间，外间为缓冲室，面积为 $2 \sim 3m^2$，内间为接种室，$10 \sim 15m^2$。内、外间设日式拉门。接种室必须在消毒后能保持无菌状态，所以要求密封性要好。室内地面和墙壁要求平滑无死角，便于洗刷消毒。内间接种室顶部安装紫外线灯、日光灯、木架、工作台，备有酒精灯、无菌水、75%酒精及各种接种工具。条件较好的接种室应安装空气过滤器，操作过程中可不断向接种室通入无菌空气，使其内部压强高于外部房间的压强。缓冲间应安装紫外线灯、日光灯、鞋架、衣架、脸盆、水管等，供工作人员消毒、换衣服和鞋帽以及洗手等。

（七）培养室

培养室是培养菌种的场所，要求闭光、通风良好、洁净、保温性好。培养室内安装自动控温装置、空调、加湿器、换气设备、灯管、多层的培养架等，易于保温、控湿、通风换气、检查、摆放菌种等。

（八）质检室

化验室是检查菌种质量好坏，观察菌种生长发育情况，鉴定菌种，检查杂菌和配制药品的场所。化验室内应配置仪器柜、药品柜、工作台、显微镜、菌落计数器、恒温培养箱及相关试剂和药品等。

（九）储藏室

储藏室是存放菌种的场所。室内要求干燥、低温、通风好、洁净、保温、遮光。在存放菌种之前必须进行消毒处理，室内禁止存放有毒药物及其他污染物；地面可经常撒生石灰，喷洒、熏蒸杀菌药以防止杂菌污染；同时要有防虫、防鼠等措施。

（十）晾晒场

晾晒场要远离生产厂区，最好有绿化带隔离，同时位于当地主要风向的下风头。晾晒场内的污染菌袋一定要及时处理，避免因长期日晒雨淋而致使杂菌迅速蔓延传入厂区。

第二节　平菇的栽培设备

一、制种设备

（一）固体菌种制种设备

1.常用制料机

见表3-1。

表3-1　常用制料机

类型	用途	使用方法
木屑粉碎机	粉碎主要用于加工松木、杂木、杉木、原竹等物料	1.检查机器设备是否完好；确保电源符合20～50kW的要求 2.将380V电源接入搅拌机，调节好粉碎的细度即可 3.定期检查刀片等部件
秸秆粉碎机	粉碎主要用于加工玉米秆、高粱秆、甘蔗、香蕉秆等物料	1.检查机器设备是否完好；确保电源符合20～50kW的要求 2.将380V电源接入搅拌机，调节好粉碎的细度即可 3.定期检查刀片等部件

2.常用拌料机

见表3-2。

表3-2　常用拌料机

类型	用途	使用方法
 定量搅拌机	搅拌原料；同时可将营养液定量拌入	1.检查机器设备是否完好 2.将220～380V电源接入搅拌机即可 3.将原料与水等物质计算好后于入料口放入即可
 搅拌机	搅拌原料；节省人们反复翻堆的体力	1.检查接触是否良好，接触是否松动应紧固 2.将220～380V电源接入搅拌机即可 3.将初拌一次的原料于入料口放入即可

3.翻堆机

见表3-3。

表3-3　翻堆机

类型	用途	使用方法
 机械式翻堆机	搅拌秸秆、稻草类原料，多用于蘑菇等发酵料翻堆	1.检查机器设备是否完好 2.开动搅拌车使其搅轮沿料堆反复开动即可

类型	用途	使用方法
人力自走式翻堆机	搅拌玉米芯、木屑、棉籽壳等原料	1.检查接触是否良好，接触是否松动应紧固 2.将220～380V电源接入搅拌机即可 3.调试使用时如反向时将开关调整正转即可，手推用于平整场地拌料

4.装袋机

见表3-4。

表3-4 装袋机

类型	用途	使用方法
水平式装袋机	水平式装栽培袋；可根据装袋口直径来分装不同规格的菌袋	1.检查机器设备是否完好 2.安装好相应规格的装料筒等部件 3.将220～380V电源接入装袋机即可
垂直冲压式装袋机	垂直式装栽培袋；可同时满足5～8人的装带需求	1.检查接触是否良好，接触是否松动应紧固 2.将220～380V电源接入搅拌机即可 3.将原料送入进料口，下部装料口套上相应规格的菌袋于卡夹上即可

5.灭菌设备

见表3-5。

表3-5　灭菌设备

类型	用途	使用方法
 手提式高压灭菌锅	小规模高压灭菌，常用于母种培养基等	1.加水：往锅里加水与支架齐平或稍高出支架 2.装锅：往锅中放入待灭菌物品 3.封锅、接通电源：盖好锅盖，对角线拧紧螺旋。关闭放气阀和安全阀，接通电源，加热 4.排冷空气：当压力达到0.5kgf/cm²（0.05MPa）时，打开放气阀放冷气；若是立式灭菌锅则可直接打开底部排气阀即可 5.升温升压：压力回零后，关闭放气阀，继续加热加压 6.保温保压：当压力达到0.1MPa时计时，使压力保持在0.1～0.15MPa之间，母种培养基维持30～35min；若为代用料培养基维持1.5～2h 7.断电降温、出锅：灭菌完毕后，撤掉电源，压力自然降到"0"时打开锅盖，取出灭菌物
 立式高压灭菌锅	小规模高压灭菌，常用于母种培养基、三角平、平皿和少量原种等；具有自动调控温度、时间的优点	
 卧式电加热高压灭菌锅	小规模高压灭菌，常用于母种培养基、三角平、平皿和少量原种培养基等	

续表

类型	用途	使用方法
卧式蒸汽高压灭菌柜	可大规模高压灭菌，常用于大量原种、栽培种培养基等；使用锅炉通常要建造相应规格的灭菌房	1.检查锅炉，并向内加水至八分满 2.装灭菌灶，要留有空隙。瓶、袋装周转筐内放入 3.关闭灭菌灶门，封严 4.加热锅炉，将热蒸汽通入高压灭菌柜内 5.设定时间、温度，待压力为0.05MPa排冷气 6.灭菌时间设定1.5～2h，待达到灭菌时间后适当冷却后出锅
常压蒸汽灭菌包	可大规模常压灭菌，常用于大量原种、栽培种培养基等；配合使用锅炉	1.检查锅炉，并向内加水至八分满 2.装灭菌包，要留有空隙。瓶、袋装周转筐内放入 3.利用塑料、棉被等封闭灭菌包，封严 4.点火升温 5.加热到蒸汽从气孔上冒出时开始计时8～10h 6.灭完菌后闷一夜，待物料降温后出锅 7.夏季装锅，装料要迅速，以防培养料酸败，影响灭菌效果

6.接种设备

见表3-6。

表3-6 接种设备

类型	用途	使用方法
接种箱	无菌操作；具有实用、效果好、价格低廉的特点	1.检查接种箱是否密封完好 2.接种前向箱内喷洒消毒药剂，并熏蒸消毒 3.熏蒸达到时间要求后，即可接种

续表

类型	用途	使用方法
 超净工作台	无菌操作；可利用无菌离子风和紫外杀菌营造良好的接种环境，但设备较贵	1.检查设备是否良好，并放入接种物品 2.开动电源，打开风机和紫外线灯 3.一个小时后关闭紫外线灯，风机照开即可接种 4.定期清洗初级过滤罩
 接种帐	无菌操作；具有实用、效果好、价格低廉、一次性接种量大的特点	1.检查接种帐是否密封完好 2.接种前向接种帐内喷洒消毒药剂，并熏蒸消毒 3.熏蒸达到时间要求后，人即可进入接种帐内接种

7.培养设备

见表3-7。

表3-7 培养设备

类型	用途	使用方法
 生化培养箱	少量培养菌种，如母种培养。可很好地控制温度、湿度，并调节光照	1.检查培养箱是否运行正常 2.接通电源，设定好培养温度、湿度 3.定期清洗培养箱内部

续表

类型	用途	使用方法
 培养架	可将原种、栽培种于架上培养	1.检查培养架是否完好 2.将培养架于使用前消毒 3.将菌种瓶（袋）整齐排放于上，不可过多
 空调	用于调节培养室内的温度	1.检查设备是否良好 2.开动电源，设定温度、风力 3.定期检查空调运行情况
 工厂化加湿器	用于调节培养室内的湿度	1.检查设备是否良好 2.开动电源，设定湿度范围和风速 3.定期检查空调运行情况
 杀虫灯	用于诱杀培养室培养室内的蚊虫	1.检查设备是否良好 2.开动电源，检查是否运行良好 3.定期清理灯内卫生

（二）液体菌种制种设备

1.振荡设备

见表3-8。

表3-8　振荡设备

类型	用途	使用方法
 磁力搅拌器	利用电磁搅拌摇瓶种	1.检查机器设备是否完好 2.将220V电源接入电磁搅拌机 3.将三角瓶放在相应磁盘上，按下对应按钮，设定好转速即可
 摇床	往复式大型摇床，40～200r/min，用于培养摇瓶种	1.检查设备是否良好 2.将220V电源接入摇床即可 3.将转速由慢到快逐渐调节
 恒温摇床	恒温式大型摇床，20～200r/min，用于培养摇瓶种	1.检查设备是否良好 2.将220V电源接入摇床，由微电脑板设定振荡的温度、频率等 3.将转速由慢到快逐渐调节

2.搅拌罐

见表3-9。

表3-9　搅拌罐

类型	用途	使用方法
搅拌罐	用于液体菌种液体培养基内各成分的搅拌、加热	1.检查机器设备是否完好 2.将220V电源接入电磁搅拌机 3.设定好转速、温度等即可运行

3.液体菌种培养罐

见表3-10。

表3-10　液体菌种培养罐

类型	用途	使用方法
液体种子罐	用于液体菌种培养菌丝球	1.检查机器设备是否完好 2.将220V电源接入液体菌种培养罐 3.将配制好的营养液导入发酵罐，通过控制板设定温度123℃、时间40min 4.营养液灭菌后经循环水冷凉 5.从接种口通过火焰圈迅速接种；（气泵不关闭）之后设置不同的培养温度 6.定期检查菌液澄清度、气味、菌丝数量等

4.液体净化、接种设备

见表3-11。

表3-11　液体净化、接种设备

类型	用途	使用方法
 风淋室	用于人、物出入无菌室时的表面净化	1.检查机器设备是否完好 2.将380V电源接入风淋设备 3.设定风淋时间和风速 4.定期检查气密性、滤尘效果等
 百级净化层流罩	用于流水生产接种传送带上部空间的空气净化	1.检查机器设备是否完好 2.将220～380V电源接入风淋设备 3.设定风速，预热半小时以上即可接种 4.定期检查、清洁滤尘罩、密封等
 液体接种枪	用于将液体种子罐内部液体菌种接入栽培容器的工具	1.检查液体菌种枪是否完好，有无堵塞现象 2.提前将液体菌种枪和管道包好后高压灭菌。之后通过无菌操作连于液体培养罐出料口 3.调节好液体培养罐内压力和接种量，即可接种 4.定期检查菌管道和枪喷嘴等部位

5.显微镜

见表3-12。

表3-12 显微镜

类型	用途	使用方法
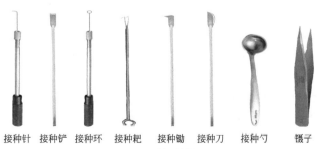 显微镜	用于检查液体菌种培养菌丝球、杂菌等	1.检查机器设备是否完好 2.将220V电源接入显微镜 3.挑取适量样本至于载物台 4.通过调节焦距来观察菌球数量、有无杂菌等 5.定期清洁镜片

二、制种工具、器皿

（一）玻璃器皿

试管、三角瓶、培养皿、漏斗、烧杯、酒精灯、菌种瓶、试剂瓶。

（二）称量器具

天平、杆秤、磅秤、量杯、量筒等。

（三）其他器具

地泵、水桶、盆、铝锅、菌种袋、漏斗、电炉、温度计、湿度计、塑料绳、报纸以及pH试纸等。

（四）接种器具（图3-2）

接种针　接种铲　接种环　接种耙　接种锄　接种刀　接种勺　镊子

图3-2　接种器具

33

第三节　消毒与灭菌技术

食用菌的消毒与灭菌是食用菌生产过程中的关键性环节，一旦该环节出了问题，整个生产都会受到严重影响。

一、消毒

消毒是利用物理或化学的方法杀死环境中或物体表面绝大部分微生物的一种方法，消毒对它所抑制的微生物具有暂时性、不彻底性和随机性。消毒在食用菌制种工作中应用很广，如在各级菌种制备之前需要对皮肤、器皿、工具、菌袋（瓶）等消毒；在菌袋（瓶）灭好菌后往接种室（箱）摆放前，要提前对这些场所进行消毒；在大棚（菇房）内种植食用菌之前，需要对大棚（菇房）内进行熏蒸消毒。

（一）常用消毒药品

1.表面擦拭消毒药品

酒精（75%）、高锰酸钾（0.1% ～ 0.2%）、碘伏（1% ～ 2%）、新洁尔灭（0.25%）。

2.空间熏蒸消毒药品

甲醛+高锰酸钾（10mL+5g/m^3）、二氯异氰尿酸钠（5g/m^3）、菇保一号（5g/m^3）、二氧化氯（30mL+1片固体药片/m^3）、荆防败毒散（10g/m^3）。

3.空间喷雾消毒药品

苯酚（5%）、来苏尔（1%～2%）、新洁尔灭（0.25%～0.5%）、过氧化氢（2% ～ 4%）、二氧化氯（1000 ～ 3000mg/kg，目前使用较广的消毒剂，高效、低残留）。

4.表面撒施消毒药品

生石灰、大粒盐（将大粒盐溶于水后喷洒即可）。

5.基质内部消毒药品

克霉灵（0.1%）、百菌清（0.1%）、多菌灵（0.1%）、甲基托布津（0.1%～0.2%）。

以上消毒药品应定期轮换或几种消毒药品同时使用，而且要根据每一阶段的消毒效果对药剂的用量酌情使用，以防杂菌产生抗药性。

（二）常用消毒方法

1.化学药品消毒

根据消毒的方式、类型而选用相应的化学药品。但值得一提的是，上述消毒药品中有一部分在对外出口贸易中为限制用药，一定要根据出口标准少用或不用。

2.物理方法消毒

（1）巴氏消毒法　将含有营养液的水拌入培养料中，之后建堆、发酵，通过料内嗜热微生物的大量增殖散热使料温达到60℃以上后维持数小时而起到消毒杀菌作用的一种方法。

（2）紫外消毒法　利用紫外线灯管在1.5m范围内照射30min，之后暗光0.5h后可达到消毒效果的一种方法。

（3）臭氧消毒法　利用臭氧发生器等仪器，按照其使用方法开机30～40min，维持环境中臭氧浓度在0.01mg/m³范围内，即可起到空间杀菌的效果的一种方法。

二、灭菌

灭菌是利用物理或化学的方法杀死环境中或物体表面一切微生物的一种方法，对它所抑制的微生物具有彻底性和相对稳定性。灭菌在食用菌制种工作中具有核心的地位，如在各级菌种制备中需要对试管培养基、罐头瓶培养基和塑料袋培养基等灭菌；在接种工具使用前也必须进行灭菌。

（一）常用灭菌方法

1.火焰灭菌法

常用酒精灯或火焰枪外焰对接种工具进行烧灼灭菌的一种方法。该法可杀死工具表面的所有微生物。

2. 干热灭菌法

使用电热烘箱产生的高温对玻璃器皿、金属制品和陶瓷器皿等进行灭菌的一种方法。但该法不适合塑料制品和棉塞、纸张等的灭菌。

3. 湿热灭菌法

通过常压或高压灭菌产生的高温蒸汽对被灭菌物品灭菌的一种方法。该法广泛应用于食用菌各级菌种培养基制作中。如对母种PDA培养基高压灭菌的温度为121～123℃，0.12MPa，30～40min；如对原种棉籽壳、木屑等培养基高压灭菌的温度为121～123℃，0.12MPa，1.5～2h；常压灭菌的温度为100℃，8h以上。

4. 微波灭菌法

通过微波炉等设备产生的高频电磁波在极短的时间内使细胞死亡从而达到无菌的一种方法。

（二）灭菌效果检验方法

1. 母种培养基检验法

在已灭菌的母种培养基中随机抽取若干支试管，将其放置于25℃左右的恒温培养箱内培养3～5天，若无杂菌出现，则灭菌效果良好；若有奶油状、水浸状或绿色、黄色或其他杂色菌落出现，则可能灭菌效果不好，该批母种培养基则弃用。另外特别留意母种试管口处棉塞在灭菌过程中是否受潮，是否在培养过程中出现霉菌，若如发现该现象，则不论培养基面上有无污染都不用或慎用。

2. 原种、栽培种培养基检验法

若首次使用新灭菌设备，或更换生产场地或更换生产工艺和配方等，则需要对原种、栽培种培养基进行检验。方法同母种，在已灭菌的原种或栽培种培养基中随机抽取若干袋（瓶）空白培养基，将其放置于25℃左右的恒温培养箱内培养5～7天，若无杂菌出现，则灭菌效果良好；若有杂色菌落出现，则可能灭菌效果不好。

3. 液体培养基检验法

在无菌环境下，用灭过菌的接种环蘸取灭完菌的培养液，用划线法将其接种于平板培养基上，之后将平板放置于25℃左右的恒温培养箱内培养3天左右，若无杂菌出现，则灭菌效果良好；若有杂色菌落或细菌、酵母菌等出现，则可能灭菌效果不好。

生产常见问题及解析

案 例 一：有的企业在菌种厂的厂房布局上没有按照生产工艺流程去设计，比如有的企业拌料、装袋车间离灭菌室较远；有的菌种培养室外面就是废料堆放区；有的灭菌室远离冷却室和接种室；有的原料库远离拌料车间等等。

问题解析：一个企业，如果在各生产车间位置布局不合理，如有些车间相距较远，这样会增加原料和菌种等运输的劳力和成本，致使生产不能一条龙流水作业；同时增加了菌种在运输中被损坏的风险。另外，如果各生产车间布局不科学、不合理时，也对企业生产具有隐患，如废料区靠近培养室、接种室、冷却室等要求洁净度高的场所时，会增加以后菌种被污染的概率。

对 策：一、企业应根据菌种生产工艺流程合理布局各生产车间位置，按照备料、清洗、培养基的配制、灭菌、冷却、接种、培养、检验、储藏等生产环节建造相应的仓库、洗涤间、原料配制室、灭菌车间、冷却室、接种室、培养室、化验室及储藏室等基本设施，距离不可相距较远；有一些限制人员频繁走动的区域应考虑使用传送带来进行各相关生产车间的连接，如冷却室、接种室和培养室之间。二、企业内各生产车间布局要科学、合理，比如晒料场、仓库、废料场的位置应远离冷却室、接种室和培养室，同时应处于当地主要风向的下风头；而且要使用一定的隔离措施，如绿化隔离带和屏帐等。

案 例 二：有的企业和农户在给菌包常压灭菌后，放置一段时间后，发现整个菌袋内部的培养料都出现被污染的症状。

问题解析：当灭菌后菌包内部培养料出现大面积被污染的症状时，极有可能是灭菌不彻底造成的。

对 策：一、在使用常压灭菌或高压灭菌时，一定要将灭菌设备或容器内的冷空气排彻底，否则容易造成锅内的温度和压力达不到正常标准而降低灭菌效果；二、在灭菌之前，对于一些大颗粒的原料一定要提前预湿彻底，否则容易在灭菌过程中杀菌不彻底。

案 例 三：有的企业厂区接种车间建造都很规范，从风淋室到空气净化系统一应俱全，前期可达百级净化标准；但时间一长，发现空间净化效果明显降低了。

问题解析：这种情况在很大程度上是由设备维护不善和企业管理不严密造成的。

对　　策：一、要定期检查和维护空气净化设备。一些设备在使用一段时间后，会由于灰尘、杂质和一些微生物造成过滤系统性能下降，所以要定期清洗、维护；二、要规范企业制度，尤其定期培训员工无菌意识操作。比如搬运工、拌料工等外部活动员工在不经消毒的情况下严格禁止自由出入接种室、冷却室等无菌要求高的房间。三、要定期做好生产车间和设备管道内的消毒、杀菌工作，如依靠紫外线、臭氧和喷洒一些消毒药品。

第四章　平菇的菌种生产

第一节　平菇母种生产

一、平菇制种程序

平菇制种程序包括母种（一级种）生产、原种（二级种）生产、栽培种（三级种）生产（图4-1）。其中母种生产处于生产的首要环节，一旦出现问题，将波及随后的原种生产和栽培种生产。

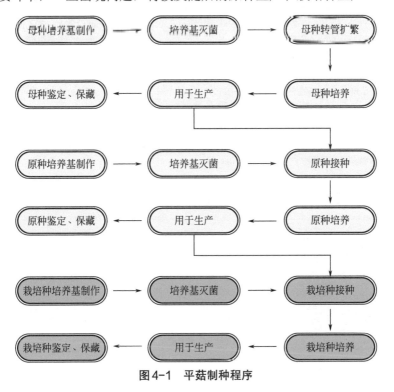

图4-1　平菇制种程序

二、平菇母种生产技术

1. 常用母种培养基配方

见表4-1。

表4-1　常用母种培养基配方

培养基	配方	适用菇类
PDA	马铃薯（去皮）200g，葡萄糖20g，琼脂18～20g，水1000mL	
综合PDA（1）	马铃薯（去皮）200g，葡萄糖20g，琼脂18～20g，磷酸二氢钾3g，硫酸镁1.5g，维生素B_1 10mg，水1000mL	
综合PDA（2）	马铃薯（去皮）200g，葡萄糖20g，琼脂18～20g，磷酸二氢钾3g，硫酸镁1.5g，蛋白胨1.5 g，维生素B_1 10mg，水1000mL	绝大多数食用菌
加富PDA	马铃薯200g、葡萄糖20g、琼脂18～20g、水1000mL、pH值自然，另外添加：麸皮20g、玉米面5g、黄豆粉5g、磷酸二氢钾2g，硫酸镁2g，维生素B_1片10mg	
PDA+平菇子实体	马铃薯（去皮）200g，葡萄糖20g，琼脂18～20g，新鲜平菇子实体50g，水1000mL	

2. 母种培养基制作（以1000mL PDA培养基制作为例）

马铃薯去皮、挖眼，切成丝状或黄豆粒大小的块。电饭锅内加入1100mL清水，待水开后放入切好马铃薯，煮15～20min，期间不停搅拌，至马铃薯酥而不烂为宜。用四层纱布过滤，取滤液并使用量筒定容至1000mL；琼脂称好后用剪刀成1cm长的小段，并提前用清水浸泡软，待马铃薯过滤好后，将琼脂放入滤汁中继续加热至完全融化；撤除热源，趁热加入葡萄糖，并迅速搅拌，使营养分布均匀。

　　营养液制好后趁热分装，可用20mL注射器或漏斗、橡胶管等装置。20mm×200mm试管注入10mL，18min×180mm试管注入8mL营养液。使用注射器期间注意不要将营养液沾污管口。每分装完3～5支试管后注意使用洁净的布擦净注射器底部营养液，然后继续分装。分装量为试管总容积的1/5。分装营养液后的试管先不要塞棉塞，应将其放入盛有冷水的容器中先行冷凉。

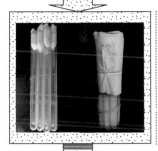

　　分装完营养液后的试管经冷凉后，培养基凝固且管壁内无冷凝水，即可塞棉塞。棉塞松紧要适度，且最好不宜用潮湿旧棉塞，发霉的棉塞不要使用。棉塞长度为试管长度的1/5，2/3塞于试管中，1/3于试管外。塞好的棉塞不宜太松，也不宜太紧，之后将7～10支试管为一捆，然后用防潮纸（牛皮纸或报纸）包好试管口，以防止在灭菌过程中蒸汽将棉塞打湿。之后使用棉线绳或耐高温高压的皮筋将试管捆紧。

　　将包好的培养基试管装入高压灭菌锅内，于121～125℃灭菌30～40min，通常冬春季灭菌30min，夏秋季灭菌40min；培养基内营养成分越丰富则应延长灭菌时间。灭菌结束后，待指针归零，排尽高压锅内残余蒸汽，打开锅盖留出小缝隙，利用锅内余热，发现防潮纸由潮湿转变为干燥状态时，即可取出试管。

　　灭菌后的培养基趁热摆斜面，摆斜面时可整捆试管同时摆放，斜面长度为试管长度的1/2～2/3，最好用干净保暖性好的棉被覆盖使其缓慢降温，以防管壁内形成大量冷凝水。同时注意摆斜面时动作应轻缓，切勿动作剧烈而使营养液沾湿棉塞；而且摆斜面时注意不要使试管反复滚动，而造成试管壁上沾满营养液以致影响到后期培养。摆斜面的环境应清洁、干燥。做好的母种空白培养基在25℃环境下培养3天，若无杂菌应及时使用。

3.平菇母种转管扩繁接种（继代母种）具体操作

平菇母种、待接母种空白培养基、酒精棉球、火柴、油笔、气雾消毒剂、标签纸、接种针、酒精灯、培养皿、镊子整齐有序地放入超净工作台或接种箱中备用。超净工作台在接种操作前40min开启风机和紫外线灯，达到时间后，关闭紫外线灯、风机照开，暗光30min后即可接菌；若是使用接种箱，则用苯酚或来苏尔进行空间喷雾，再以气雾消毒剂熏蒸40min后使用。

依次用75%的酒精棉球将双手、接种台面、培养皿、接种工具和母种试管外壁表面消毒。也可用1%～2%碘伏进行消毒，效果较好。消过毒的工具放于培养皿上，不要再乱放。另外，这里的接种工具、培养皿等应提前包扎好灭菌，之后再摆放于接种台面。

点燃酒精灯，用镊子夹住培养皿先在酒精灯外焰进行灼烧，再将接种工具利用酒精灯火焰灼烧灭菌，接种针应用酒精灯外焰将针头部位灼烧红后，再放培养皿上冷凉待用。若使用接种铲，则利用酒精充分灼烧后在冷凉相对比接种针更长的时间后再用。

左手持母种试管，在酒精灯火焰无菌区，用右手的小指、无名指取下试管棉塞，用火焰封住管口，用接种钩将母种斜面前端0.5cm弃去，拿工具挑着母种试管，用左手拿起待接试管平行并排母种管下，斜面均向上，管口齐平。在火焰无菌区，用小指和手掌取下待接试管的棉塞，将试管口在火焰上稍微烧一下，以杀灭管口上的杂菌，随后用接种钩挑取火柴头大小菌种块迅速移入待接试管培养基斜面中部，再利用酒精灯外焰烧一下试管口，同时火焰微燎待接试管棉塞塞住管口。

　　　　转接下一支试管时，右手持接种钩水平挑着母种试管，并使试管口处在酒精灯火焰无菌区；用左手去拿下一支待接试管，之后重复前面接种动作。如此反复操作，1支母种可扩接50～80支继代母种。接种结束后，及时清理干净接种台面。

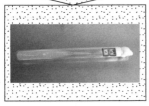

　　　　接好种的继代母种，逐支贴上标签，写明接种人、菌种名称、接种日期、转管次数等。接好种的继代母种，放入25～28℃的恒温培养箱内，闭光培养。通常7～10天长满斜面。培养初期要及时检查，个体间长速差异明显，长速变缓，出现异常色素和杂菌菌落的菌种试管及时淘汰。

4.母种鉴定·保藏

　　（1）优良平菇母种的基本特征　优良平菇母种常常表现为菌丝洁白浓密、气生菌丝旺盛，菌丝生长整齐一致，同批试管间菌丝的生长外观没有明显的差异，菌丝长速正常，符合该品种的特有形态特征，菌落边缘外观整齐、长势旺盛。

　　（2）不良母种的基本特征　母种退化、老化的表现为菌丝长速减慢，同批母种个体间长速差异明显，生长状态呈现多样性，甚至有的菌种转接后出现杂菌菌落。

第二节　平菇原种生产

一、原种培养基制作

（一）常用原种培养基类型

　　麦粒培养基：小麦粒98%、石膏粉2%。适宜于蘑菇、平菇、香菇、黑木耳、杏鲍菇等菌丝的生长。
　　高粱粒培养基：高粱粒98%、石膏粉2%。适宜于平菇、香菇、灵芝、猴头、金针菇等菌丝的生长。
　　玉米粒培养基：玉米粒98%、石膏粉2%。适宜于平菇、香菇、灵芝、杏鲍菇、金针菇等菌丝的生长。

阔叶培养基：阔叶树木屑78%、麸皮(或米糠)20%、蔗糖1%、石膏粉1%,含水量55%～60%。适宜平菇、香菇、灵芝、黑木耳、滑菇、猴头、杏鲍菇、金针菇、大球盖菇等菌丝的生长。

松木培养基：小松木块65%、松木屑14%、米糠18%、蔗糖2%、石膏1%,含水量60%～65%。适宜于茯苓等菌丝的生长。

玉米培养基：玉米芯78%,麸皮20%、蔗糖1%,石膏粉1%、含水量65%。适宜黑木耳、平菇、鸡腿菇、杏鲍菇等菌丝生长；对于平菇、鸡腿菇可在配方内额外添加1%～3%的白灰，使其培养料酸碱度范围呈碱性。另外刚刚采收的玉米芯应太阳晒干后粉碎使用。

棉籽培养基：棉籽壳78%、麸皮20%、蔗糖1%、石膏粉1%,含水量60%～65%。适宜大多数食用菌菌丝的生长，由于棉籽壳成本较高，营养丰富，常用于制作二级种。

麦秸培养基：麦秸74%、麸皮25%、石膏1%。适宜鸡腿菇、大球盖菇、平菇、蘑菇等菌丝生长。

麦秸碎段培养基：麦秸碎段78%、麸皮20%、石膏1%、石灰1%。适宜鸡腿菇、平菇等菌丝生长，用之前要注意将麦秸提前进行碾压处理，以破坏其表层蜡质层。

（二）常用原种培养基制作程序

1.谷粒类培养基制作流程

谷粒挑选 → 谷粒浸泡 → 谷粒煮制

培养、检查 ← 灭菌、接种 ← 装瓶（袋）

　　选择新鲜、无霉变、无虫蛀、完整的谷粒；特别对于多年存放的谷粒一定要慎用，否则很容易影响菌丝的生长质量。对于高粱粒和小麦粒，如带外壳则培养的菌丝质量相对长势较好。

　　根据谷粒的大小、含水量、环境温度等确定谷粒的浸泡时间；麦粒、高粱粒通常浸泡0.5～1天，玉米粒浸泡1～2天，夏天浸泡时间可适当缩短，同时为防止变酸可添加适量石灰；冬季则应适当延长浸泡时间。谷粒泡至内部吸水充分为宜。

　　将泡好的谷粒放于沸水中一边煮，一边搅动，煮至谷粒无白心即可，切不可煮制时间过长而导致谷粒破裂。煮好后捞出，于纱布上沥干水分。不同的谷粒应根据其大小、材质来衡量煮制的时间。

将沥干水分的谷粒内拌入石膏，混匀。之后将其装入750mL或500mL罐头瓶或高压聚丙烯袋中，装量占空间的一半，之后擦净瓶口，拿高压聚丙烯膜封口；塑料袋则要系紧袋口上端。

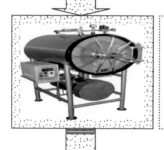

将谷粒培养基于高压灭菌锅内 121～125℃灭菌 1.5～2.0h。若是常压灭菌则要 100℃下灭菌 8h 以上。灭菌结束后，常冷凉 5～7h 后再出锅，以避免瓶内压力、温度骤然改变。

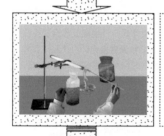

将灭菌后的培养基放于干净无菌处冷凉，若是在接种帐冷凉，则需提前一天对接种帐内进行消毒、熏蒸，当培养基温度降至25℃以下则可接种。接种要在无菌环境下迅速接完。可单人接种，也可双人接种。

接种后的菌种放于 25℃洁净环境中遮光培养，发现污染及时挑出。当菌丝于表层长至料的 1/3 处时，要对菌种瓶（袋）进行摇晃，使带有菌丝的谷粒均匀布满菌种瓶（袋），这样可缩短菌种满袋天数。

2.代用料培养基制作流程

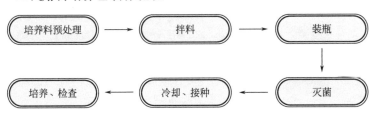

　　所用原料选择新鲜干燥、无霉变、无虫蛀的原料，使用前最好经过阳光曝晒1~2天。木屑通常要经过预湿、堆积，待吸水充足、散尽不良气味后使用；玉米芯也要提前预湿；秸秆类原料通常要先破坏秸秆外层蜡质层，之后也要提前预湿；棉籽壳由于吸水较快，不必提前预湿。

　　将主辅料混匀，溶水性的营养物质溶于水中加入，边拌边加，一定要将培养料充分混匀，否则易造成接种后菌丝生长不匀。同时培养料含水量要符合标准，不能过低或过高。拌完的料可用手握法测含水量，用手紧握，手指缝有水滴间隔滴落为宜。

　　将拌好的培养料闷堆1~2h，之后将其装入750mL或500mL罐头瓶中，装量至罐头瓶瓶肩处压紧实，拿打孔锥于料面中部打眼之后擦净瓶口，拿高压聚丙烯膜封口，皮套选用耐高温、高压的材料，并封严瓶口。之后应尽快进入灭菌环节，以免培养料变酸。

将培养基于高压灭菌锅内121～125℃灭菌1.5～2h。或在常压灭菌锅内100℃灭菌8h以上。灭菌时间根据环境中杂菌数量、装瓶数、季节等确定。如若冬季则可适当缩短灭菌时间；要是夏季则要延长灭菌时间。当一次性灭菌数量达5000瓶以上时，则应在原有灭菌时间上增加4～6h。

将灭菌后罐头瓶培养基于干净无菌处冷凉，当温度降至25℃以下则可接种。接种要在无菌环境下迅速接完。通常二人配合，一人手持母种试管，另一人去配合将母种块迅速移入罐头瓶培养基中部接种穴内，之后迅速封好瓶口。整个过程中，一定要注意处在酒精灯火焰无菌区操作。

接种后的菌种放于25℃洁净环境中暗光培养，发现污染及时挑出。规模化生产时，可2天检查一次，一般待菌丝封满瓶口并向下生长1cm后，则不易发生污染。培养过程中环境应悬挂温度计随时测温，一旦发现环境温度超过28℃以上时，就要进行降温处理。同时环境湿度最好在60%左右。

二、原种接种具体操作

待接母种、待接原种培养基、酒精棉球、火柴、油笔、气雾消毒剂、标签纸、接种镯、酒精灯、培养皿、镊子整齐有序地放入超净工作台或接种箱中备用。超净工作台在接种操作前40min开启风机和紫外线灯，达到时间后，关闭紫外线灯、风机照开，暗光30min后即可接菌；接种箱或接种帐用苯酚或来苏尔进行空间喷雾，再以气雾消毒剂熏蒸40min后使用。

依次用75%的酒精棉球将双手、接种台面、培养皿、接种工具和母种试管外壁消毒。消过毒的工具放于培养皿上，不要再乱放。原种培养基在25℃以下后，应及时接种，否则会增加被污染的概率；所使用的母种也应在合适生长期使用，否则易造成原种生活力降低。原种培养基在放入超净工作台或接种箱前，最好使用高锰酸钾进行擦拭消毒。

点燃酒精灯，用镊子夹住培养皿先在酒精灯外焰进行灼烧，再将接种镐利用酒精灯火焰灼烧灭菌。接种镐在灼烧之前可先蘸取95%的酒精后再进行灼烧以利于灭菌效果；之后放培养皿上冷凉待用。未完全冷凉的工具切勿急于接种，否则易烫伤菌种。有条件的，也可使用红外加热灭菌器对工具进行灭菌处理。

一般需2~3人接种。一人左手持母种试管，在酒精灯火焰无菌区，用右手的小指、无名指取下试管棉塞，用火焰封住管口，用接种镐将母种斜面前端0.5cm弃去，之后拿工具将母种斜面平均割成5～6段。在火焰无菌区，用接种镐迅速将割好的母种块接入待接原种培养基穴内，拿原种培养基的人要注意在酒精灯火焰无菌区打开封口膜，同时要原种瓶口迎接母种试管口，不能反向。

接种后的母种块处于空白原种培养基的中部接种穴内，不要让所接母种块偏离中间接种穴位置，否则容易造成菌丝在瓶壁一侧生长，以致菌丝不能在规定时间内及时封满原种培养基瓶口的料面而引起不必要的污染。同时还应注意封口膜一定要密封紧密，避免杂菌进入菌种瓶内。

接好种的原种培养基,逐瓶贴上标签,写明接种人、菌种名称、接种日期等。接好种的原种放入25～28℃的恒温培养箱内或培养架上,暗光培养。通常25～30天长满原种瓶。培养初期要及时检查,个体间长速差异明显,长速变缓,出现异常色素和杂菌菌落的菌种及时淘汰。

三、原种鉴定、保藏

平菇原种接种后第3天,即应开始进行检查。正常的原种应菌丝前端生长整齐,相同品种长速一致,色泽洁白,无绿色、灰绿色、暗褐色、橘红色、灰白色、黑灰色等杂菌菌落颜色,菌丝丰满、浓密、均匀,菇香味浓郁,无酸臭味和酒精味。具备以上特征的原种才是优良菌种。

长满的原种应及时使用。若不及时使用则应在5～10℃条件下保藏,在高温条件下,尽量缩短存放时间,否则会影响菌丝活力,致使菌种提前老化。

第三节　平菇栽培种生产

一、栽培种培养基制作

（一）常用栽培种培养基类型

栽培种培养基制作配方可参考原种培养基制作配方。但在栽培种培养基制作配方中可将麸皮、稻糠的用量调至10%～15%,而增加主料的量。栽培种的主料宜选用混合型基质,以满足菌丝多种营养的需求。

（二）常用栽培种培养基制作程序

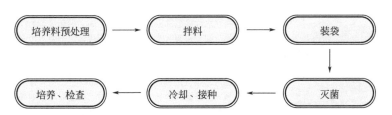

```
培养料预处理  →  拌料  →  装袋
                                ↓
培养、检查  ←  冷却、接种  ←  灭菌
```

所用原料选择新鲜干燥、无霉变、无虫蛀的原料，使用前最好经过阳光曝晒1～2天。木屑通常要经过预湿、堆积，待吸水充足、散尽不良气味后使用；玉米芯也要提前预湿；秸秆类原料通常要先破坏秸秆外层蜡质层，之后也要提前建堆、预湿；棉籽壳由于吸水较快，不必提前预湿。

将主辅料混匀，溶水性的营养物质溶于水中加入，边拌边加，一定要将培养料充分混匀，否则易造成接种后菌丝生长不匀。同时培养料含水量要符合标准，不能过低或过高。目前市场上的拌料机设备基本可以满足拌料的标准，但使用过程中一定要严格监控加水的用量。

将拌好的培养料焖堆1～2h，之后将其装入(15～18)cm×(33～35)cm×(0.04～0.045)cm的高压聚丙烯塑料袋或低压聚乙烯塑料袋，装量为每袋干料量为0.5～0.75kg，做到松紧适宜、有弹性感、装袋四周均匀。目前市场上的装袋机一人操作，可同时供5～7人系袋。系袋有如下几种方法：直接拿线绳系成活扣；或将袋口套上套环和无棉盖体；或是将袋口套上套环，再插入塑料锥形棒再将暴露出的袋口系紧。

由于栽培种数量很多，所以通常我们应用周转筐将栽培种移至常压灭菌锅（房）内。周转筐若为铁制品，则要框架上缠裹布条；塑料周转筐则要刮掉筐壁内尖锐的塑料渣，以防袋袋过程中扎破袋壁。周转筐在锅内应摆放整齐，筐与筐之间留有缝隙以便蒸汽流通。常压灭菌锅应在100℃灭菌8h以上，锅内冒出大气、排进锅内冷空气后开始计时。灭菌时间根据环境中杂菌数量、装袋数量、季节等确定。

冷却室内提前以高锰酸钾水拖地、环境喷洒苯酚、二氧化氯等消毒水，并提前1天拿甲醛、高锰酸钾进行熏蒸，一定要保证冷却室的洁净无菌。之后将灭菌后栽培种培养基于干净无菌处冷凉，当温度降至25℃以下则可接种。接种要在无菌环境下迅速接完，量小可在接种房、接种箱；量大可于室外空气流通处搭建接种帐就地接种，接种帐消毒同前。

接种后的菌种放于25℃洁净环境中遮光培养，发现污染菌袋及时挑出。规模化生产时，可2天检查一次，一般待菌丝封住瓶口并向下生长1cm后，则不易发生污染。随着菌丝的生长要注意不断加大通风量，并将菌间距离、层数随时调整，密切关注培养温度，一定要防止烧菌。

二、栽培种接种具体操作

待接原种、待接栽培种培养基、酒精棉球、火柴、油笔、气雾消毒剂、标签纸、接种勺、酒精灯、培养皿、镊子整齐有序地放入接种箱或接种帐工作台面。用苯酚或来苏尔进行空间喷雾，再以气雾消毒剂熏蒸40min后使用。

依次用75%的酒精棉球将双手、接种台面、培养皿、接种工具进行消毒，消过毒的接种勺放于培养皿上，不要再乱放。原种在放入接种台面之前外壁应用0.1%高锰酸钾擦拭消毒。若于接种帐内接种，工作服也要提前进行消毒。

点燃酒精灯，用镊子将培养皿先进行灼烧，再将接种勺利用酒精灯火焰灼烧灭菌，灼烧时可拿接种勺蘸取95%酒精后火焰灭菌，之后放培养皿上冷凉待用。接种勺和培养皿在接种之前都最好用防潮纸包好后进行高压灭菌后使用。

一般需2～3人接种。一人左手持原种,在酒精灯火焰无菌区，取下原种封口膜，用火焰封住瓶口,用接种勺将原种表层0.5cm弃去，之后拿工具将原种轻轻挑出黄豆粒大小。在火焰无菌区，用接种勺迅速将原种颗粒接入待接种栽培种培养基内，并使原种颗粒最好布满栽培种培养基料面。拿栽培种培养基的人要注意在酒精灯火焰无菌区打开袋口，手指不能接触袋口内壁，同时要用栽培种袋口迎接原种瓶口，不能反向。

所接的原种应呈小颗粒状并基本均匀地散布在栽培种培养基的表层料面上；同时袋口及时拿细绳系紧，也可使用套圈和无棉盖体进行封口。1瓶750mL原种以一端接种可扩接35～40袋栽培种培养基。接好种的栽培种培养基，按培养架逐架贴上标签,写明接种人、菌种名称、接种日期等。

培养架也要提前消毒，再把接好种的栽培袋放在25℃左右的培养架上，不可摆放过于紧密，暗光培养，空间湿度维持在60％左右。培养初期要及时检查，个体间长速差异明显，长速变缓，出现异常色素和杂菌菌落的菌种及时淘汰。培养室内每隔5天应往室内喷洒消毒水。通常35～40天长满栽培袋。

三、栽培种鉴定、保藏

栽培种接种后第三天，即应开始进行检查。正常的栽培种应生长整齐，相同品种长速一致，色泽洁白，无绿色、灰绿色、暗褐色、橘红色、灰白色、黑灰色等杂菌菌落颜色，菌丝丰满、浓密、均匀，菇香味浓郁，无酸臭味和酒精味。具备以上特征的栽培种才是优良菌种。

长满的栽培种应及时使用。若不及时使用则应在5～10℃条件下保藏，在高温条件下，尽量缩短存放时间，否则栽培种会因袋壁脱水影响到菌丝活力。

第四节　平菇液体菌种生产

一、液体菌种制种流程

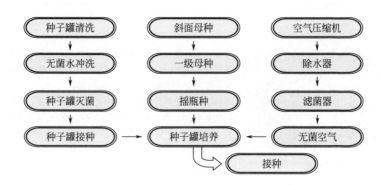

二、液体菌种消毒与灭菌

我们在制作液体菌种时，消毒与灭菌是一项核心的工作，它要比做固体菌种更加严格，稍有不慎则会满盘皆输。

（一）准备期消毒、灭菌

培养罐在每次生产前都必须对其进行彻底清洗、消毒后使用。内壁黏附的污物要清洗掉，检查各个阀门、加热棒、控制柜、气泵等是否正常，如有故障，需及时排除。并进行罐体内部的彻底杀菌，常用的方法是煮罐。煮罐要关闭罐底部的接种阀和进气阀，加水至视镜中线，启动加热器，当温度达到124℃时维持35min后关闭排气阀，20min后把煮罐水放出即可进入生产。

（二）营养液制作期消毒、灭菌

液体培养基在进入到培养罐内后，要在罐内进行灭菌。液体培养基在124℃，灭菌35 ～ 40min。该过程要通过排料来对管道进行消毒。同时气泵中的滤芯要在使用前半小时灭菌装好，并在灭菌计时就开泵通气，以便保证空气的无菌状态。

（三）接种期消毒、灭菌

液体培养基培养罐内灭菌完成后，经冷水降温后要在进气阀接上通气管，所以通气管和进气阀都要经过消毒，尤其在二者连接时要用火焰灼烧灭菌。接种时关闭排气阀并点燃火圈，使火圈火焰要封住接种口，之后旋开接种口盖，按照无菌操作于火圈无菌区拔下棉塞并倒入菌种，旋紧接种盖。

（四）培养期期消毒、灭菌

液体菌种在培养过程中，要定期对培养基内菌丝生长情况进行观察、检测。检测要通过排料口取样。每次取样完毕，都要拿酒精灯外焰对排料口进行灼烧杀菌。

三、液体菌种的生产技术

将液体菌种生产用于食用菌生产中，具有周期短、菌龄整齐、成本低廉、接种方便等特点，是食用菌工厂化生产的重要手段。目前国内就有许多大中型的食用菌企业都在搞液体菌种生产，效果很好。

（一）液体培养基配方组成

液体培养基可用马铃薯汁为主原料，添加适量麦芽汁、玉米粉、豆饼粉、糖、无机盐等混合配制。

配方一：豆饼粉2%，玉米粉1%，葡萄糖3%，酵母粉0.5%，磷酸二氢钾0.1%，碳酸钙0.2%，水1000mL，pH自然。适用于金针菇、平菇、黑木耳等。

配方二：玉米粉3%，红糖3%，磷酸二氢钾0.3%，硫酸镁0.15%，维生素B_1 10mg，水1000mL，pH自然。适用于金针菇、平菇等。

（二）液体菌种生产技术要点

马铃薯去皮、挖眼，切成丝状或黄豆粒大小的块。电饭锅内加入1100mL清水，待水开后放入切好马铃薯，煮15～20min，期间不停搅拌，至马铃薯酥而不烂为宜。用四层纱布过滤，取滤液并定容至1000mL；将玉米粉（或淀粉）用少量水调成糊状，待大量水烧开之后将玉米糊倒入，并不断搅拌，当面糊烧开有10～15min，再将糖及其他原料倒入锅内搅拌均匀即可。

培养罐经煮罐后，再将营养液倒入培养罐内。关闭进气阀和接种阀，将漏斗插入上料口，用小锅将料液分批分次倒入处理好的发酵罐中或用水泵抽入发酵罐中，之后加入自来水调整料液至标准量，拧紧接种盖，即可灭菌。

将转换开关打到"灭菌"档，通过电脑面板设定好灭菌"温度"125℃，按"启动"开关，两加热管开始加热工作。当压力达到0.05MPa时，可稍稍开启排气阀3～5min，以排除冷气，然后关闭排气阀，当温度达到设定温度后，开始计时。计时过程中，控制柜自动断电维持温度；当温度低于设定温度时，电源又开始加热。在计时过程中，分、前、中、后分别放料一次，每次放料3～5min，三次共放料3～5L。

液体培养基培养罐内灭菌完成后，让冷水经罐体循环降温后要在进气阀无菌操作接上通气管，气泵始终开通。把接种用的物品如手套、菌种、火圈备好，浇足95%的酒精。接种时关闭排气阀并点燃火圈，使火圈火焰要封住接种口，之后旋开接种口盖，按照无菌操作下火圈无菌区拔下棉塞并倒入专用液体菌种母种，旋紧接种盖。

将转换开关打到"培养"档，通过电脑面板设定好不同食用菌品种设置不同的培养温度，平菇常选择20～26℃培养档，高温品种选择28～31℃培养档，空气流量调至1.2m³/h以上，罐压在0.02～0.04MPa。培养期间不用专人管理。接种24h以后，每隔12h可从接种管取样1次，观察菌种生长和萌发情况，一般检查菌液澄清度、气味、菌球数量等，培养周期为72～96h。

培养72～96h之后，可通过感官检测，发现培养液变清澈、菇香味浓郁、菌球数量和菌丝体片段占整个培养液体积的80%时，菌球与菌液界线分明，周边毛刺明显，菌丝活力强，即为培养好的标志。同时要镜检有无杂菌菌丝。此外还有培养皿检测、菌包（瓶）检测等方法。

液体菌种培养好后，要通过液体导管和接种枪将菌液注射至栽培料袋内，栽培料通常要经过半熟料或全熟料灭菌，于超净工作台或净化层流罩下台面接种，房间布局如图4-2所示。液体菌种菌包接种后，置于暗光、洁净处培养，培养温度在25℃左右，湿度控制在60%左右，2～3天后，即可看到菌丝迅速长满菌包表面，15天左右即可基本长满菌包。

图4-2　液体菌种接种房间示意图

第五节　平菇菌种保藏技术

　　菌种保藏的目的在于延续菌种的优良性状，降低菌种老化速度，确保菌种纯、无变异。食用菌生产中，对于一些好的食用菌品种，人们常常会采取措施长期保藏一些品种，但往往由于缺乏一些基本的保藏经验结果造成了菌种老化、培养基脱水、发生污染等现象，造成了生产中不必要的损失。

一、菌种保藏原理

　　菌种保藏的基本原理是给菌种生长营造一个使其生长代谢减缓又不会造成菌种死亡的环境，使菌种在生长中能健康保存。我们通常采用低温、冷冻、干燥或减少氧气供应等手段来降低保藏菌种的生理代谢强度，使菌种处于休眠状态。低温、冷冻可使菌种或孢子内部的生理代谢维持在一个很低的水平，极大减缓了机体内部的营养损耗和各种化学反应，从而达到长期保藏的目的；干燥可以降低环境周围湿度，使病原微生物缺乏繁殖的基础环境；减少氧气供应也可使菌种或孢子内部的生理代谢由于没有 O_2 的参与维持在一个很低的水平，极大减缓了机体内部的营养损耗和各种化学反应，从而可长期保藏菌种。

二、常用菌种保藏方法

（一）斜面低温菌种保藏法

该法是较为简便、实用的保藏方法之一。下面介绍这种方法的技术参数要点。

1.培养基选择

因为保藏的时间较生产种长，所以要用营养丰富的半合成培养基，如PDA培养基、麦芽糖琼脂培养基等，以防止菌种保藏过程中营养贫乏。

2.培养基成分特点

斜面低温保藏菌种中，为防止培养基内水分散失过快，琼脂用量应增至2.5%；并增加每管培养基的装量，不少于12mL。

斜面低温保藏菌种中，菌丝虽然代谢微弱，但仍在缓慢生长，这个过程中会产生有机酸而使菌丝处于酸性环境不利生长又易引起污染，所以在培养基中再加入0.2%的 K_2HPO_4 和 KH_2PO_4 等缓冲剂。

3.具体操作要点

按以上培养基组成特点，常规制作母种培养基，之后无菌接种。用适宜温度培养到菌丝长满斜面。选择菌丝生长健壮的试管，先用高压聚丙烯塑料袋或硫酸纸包扎好管口棉塞，再将若干支试管用牛皮纸包好；也可以用无菌胶塞代替棉塞（图4-3），既能防止污染，又可隔绝氧气，避免斜面干燥。之后将试管放入4～5℃冰箱内保存，每隔3～4个月转管一次。

图4-3　用胶塞保藏的菌种

4.注意事项

保藏过程中一定要注意不要让冰箱内冷凝水打湿试管防护材料。发现培养基缺水、菌丝变色、老化等现象时，一定要及时转管。

（二）液体石蜡保藏法

该法利用液体石蜡隔绝了菌种四周 O_2（图4-4），菌丝得不到充足 O_2 则其新陈代谢强度降低，细胞老化延缓；同时培养基水分蒸发变慢，由此达到延长菌种寿命的效果。下面介绍这种方法的技术参数要点。

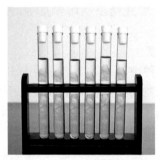

图4-4　液体石蜡保藏的菌种

1.培养基选择

因为保藏的时间较生产种长，所以要用营养丰富的培养基以防止菌种保藏过程中营养贫乏。

2.液体石蜡处理

使用前液体石蜡要用高压灭菌锅125℃灭菌0.5h，然后将其置于40℃烘箱中，蒸发掉高压灭菌时渗入的水蒸气至完全透明为止。

3.具体操作要点

按保藏培养基要求，常规方法制作母种培养基，之后无菌接种。用适宜温度培养到菌丝长满斜面。然后在无菌环境下，用无菌吸管或注射器吸取经处理好的液体石蜡，垂直注入母种试管内，注入量以高出斜面顶端1cm为宜，塞上橡皮塞，再用石蜡密封。将试管竖放于试管架上，于干燥凉爽的低温处保藏，常可保藏1年以上。

4.注意事项

保藏过程中一定要注意要注意避免发生火灾。在使用母种时，要注意将母种进行活化后使用。

（三）木屑块保藏法

该法利用了菌丝在木屑块中生长缓慢、却又保藏效果较好的特点（图4-5）。该法适于保藏木腐菌的菌种。下面介绍这种方法的技术参数要点。

图4-5 木屑保藏的菌种

1.培养基选择

选取长2～2.5cm、粗0.5～1cm的小木段，置于1%有机肥水中浸泡6～8h。另取杂木屑78%，麸皮20%，糖及石膏粉各1%，加水拌匀，配成木屑培养基。

2.培养基制作要点

取20mm×200mm的试管，先装少量木屑培养基，放入一些木段，再用木屑培养基填满枝条与管壁的空隙，之后再放入一些木段，再用木屑培养基填满枝条与管壁的空隙。如此往复操作，最上一层为细木屑，并使木屑装量占试管长度的2/3。塞好棉塞，经125℃高压灭菌2.5h，冷凉后在无菌环境接入要保藏的菌种。

3.保藏操作要点

菌丝即将长满试管时，于无菌条件下取下棉塞，塞上灭过菌的橡皮塞，再用石蜡密封。4～5℃冰箱内常可保藏1年以上。

还有很多关于菌种的保藏方法，如有条件的可以采取真空保藏法，或是干燥保藏法，或是低温、干燥、真空三者合一。

三、菌种复壮法

（一）菌种退化的原因

菌种退化的原因很复杂，有的是由于菌种传代次数过多造成，有的是由于环境条件的改变，有的是由于营养条件的变化，还有的是由于菌种内部遗传物质发生改变。

（二）防止菌种退化的措施

1.控制传代次数

平菇母种的传代次数扩接应控制在3～4次以内，扩繁次数愈多，后代的生活力就愈衰退。原种和栽培种也应尽量减少传代次数。有的农户买上一支母种能扩6次，结果产量一年不如一年，病害越来越多。

2.控制环境条件

食用菌菌种的代谢越活跃则发生变异的概率越高，如食用菌生长周围环境温度高，菌丝代谢、繁殖旺盛，则易发生变异。

3.改善营养条件

很多食用菌菌种退化是由于营养条件的改变或缺乏而引起的。为了避免菌种生长中得不到充足营养，我们常用的方法是采用加富PDA来恢复菌丝活力，待菌种恢复良好性状后，再移植到普通PDA培养基上。

4.分离纯化菌种

长期单一使用食用菌也会引起菌种退化，我们常用的方法是每年从生产上表现优良性状的子实体进行组织分离、培养；或通过与野生品种杂交来提高其活力。

生产常见问题及解析

案 例 一：平菇母种转管扩繁接种后，有的接种后的母种块长时间没有萌发迹象；有的接完的母种培养基上出现霉菌污染；有的接种后培养基表面出现酵母菌污染；有的母种棉塞上出现霉菌。

问题解析：一、平菇母种块长时间没有萌发，则可能是在接种过程中被烫死；母种培养基上出现霉菌污染，则可能接种环境消毒不彻底，或接种工具灭菌不彻底，或接种动作不规范所致；培养基表面出现酵母菌污染，则可能母种培养基灭菌不彻底，或接种工具灭菌不彻底和母种培养基内冷凝水较多所致；母种棉塞上出现霉菌，则可能为母种培养基在制作中棉塞受潮或棉塞不洁净所致。

对 策：一、母种转管扩繁中，接种动作一定要规范，同时在转管操作中一定要注意在酒精灯火焰无菌区，同时还要注意接种工具在经酒精灯外焰灼烧后，充分冷凉后再使用；二、母种培养基在制作过程中要按照规定的温度、压力、时间进行灭菌，同时还要注意将棉塞使用防潮纸包扎好，以免在灭菌过程中将棉塞受潮。棉塞还应注意最好使用新棉塞，有过污染和不洁净的棉塞不用。三、母种接种环境一定要消毒、杀菌充分、彻底。

案 例 二：有的农户在培养平菇栽培种的过程中，发现培养好的平菇栽培种袋重量发轻，还有菌种脱壁的现象；而有一些农户培养的栽培种在袋口附近常有霉菌感染。

问题解析：一、培养好的平菇栽培种袋重量发轻，还有菌种脱壁的现象，很可能是由于环境湿度过低所致；二、栽培种在袋口附近有霉菌感染，则是由于环境湿度较高和不清洁造成的。

对 策：一、在培养平菇菌种的过程中，要注意环境培养的湿度在60%左右为宜，若环境湿度低于50%时，就会造成菌袋内部水分挥发过快，结果致使栽培种袋重量发轻，还有菌种脱壁的现象；二、在培养平菇菌种的过程中，环境湿度也不得高于70%，否则在高湿环境下，再加上环境中消毒不彻底，就给霉菌营造了很好的滋生环境，结果就常常使栽培种种袋污染了霉菌。

案例三：有些企业在用液体种子罐培养菌种过程中，总发现有一些污染现象，有的在培养的菌种液内；有的在接种后的液体菌种表面。

问题解析：在用液体种子罐培养菌种过程中，污染原因有如下几方面：一、液体菌种培养罐未能及时煮罐；二、接种管和接种枪未能彻底消毒并正确安装；三、未能严格挑选、检验所接菌种；四，培养环境未能定期消毒、杀菌。

对　　策：一、要注意对液体种子罐的消毒、灭菌，如新罐初次使用，罐长时间不用时，更换生产品种或上一罐染菌时都要及时进行煮罐；二、接种管和接种枪在使用前，接种管及接种枪的枪头用8～10层纱布包好，在121℃的条件下灭菌40min。接种机接种：把接种喷头接在蒸汽接口上，放在排水相对密闭的箱子内，同时开蒸汽和电磁阀门30min，冷却后移入接种室，接在接种机上备用。在火焰的保护下将接种管接到培养器的接种口上。三、选择适合液体培养的专用菌种，同时要用无菌水和抑菌剂将其稀释后用；四、在液体菌种培养室，环境要定期杀菌、消毒；同时要严格限制工作人员的随意进出入。

第五章 平菇栽培技术

第一节 平菇发酵料生产

平菇发酵料栽培属于巴氏消毒的一种方式,通过将营养液拌入培养原料后建堆发酵,经料堆内微生物大量繁殖释放生物热来杀死培养料内绝大多数病原杂菌和虫卵,之后再利用该发酵培养料来播种种植的一种栽培方式。

一、平菇发酵料栽培工艺流程

```
培养料选择 → 培养料配制 → 建堆发酵 → 装袋播种
                                              ↓
后期管理 ← 采收管理 ← 出菇管理 ← 发菌管理
```

二、平菇发酵料栽培技术要领

常选择棉籽壳、玉米芯、玉米秆、豆秸、木屑等栽培原料作为主料来作为料内碳源;麸皮、稻糠、豆粕等作为辅料来补充料内氮源。培养料应新鲜、无霉变,玉米芯等主料应在太阳下曝晒2~3天。此外还需要一些矿质营养,常利用的矿质营养有$CaCO_3$、$MgSO_4$、KH_2PO_4、石灰、石膏、过磷酸钙等;还可向料内添加微量的维生素和氨基酸等营养物质。

　　按常规拌料的干混、湿混操作程序，干混是指将栽培原料的主料和辅料中的不溶物，如麸皮、稻糠、石膏、过磷酸钙等在不加水的情况下将其拌均匀，之后撒于主料表面充分搅拌混匀；湿混是将原料中可溶性物质，如石灰、蔗糖、尿素、磷酸二氢钾和硫酸镁等药品溶于水中加入。期间应注意水分不能一次加完，尤其是不能过量，否则影响发酵效果。所缺水分，可在翻堆时加入。

　　建堆高1m，堆底宽1.2m，长不限的料堆，低温季节可将料堆再加宽、加高。料堆顶部及两侧间隔40cm左右打通底的透气孔，第1～2天加盖塑布布，以后撤掉。高温时节，翻堆应及时观测料内温度，当温度升至65℃以上维持24h后及时翻堆，时间不宜过长，否则易发生料酸化、产生异味、营养消耗太大，通常发酵4～5天；低温时节，最好在棚室内发酵，以利升温，翻堆时间也根据料内温度升至65℃以上维持24h后及时翻堆，发酵时间应比高温季节多发酵2～4天，否则料发不透，栽培时鬼伞大量发生。

　　培养料经4～5天发酵完后，当颜色由浅黄色变为深棕色，有浓郁的料香，原料变得柔软，含水量适宜时，即完成培养料发酵过程。在培养料发酵好后，还要对培养料进行调料，先将料堆散开散热。之后向内喷洒0.1%的多菌灵溶液和杀虫药剂，喷洒要匀；辅助喷洒0.01%的维生素和氨基酸溶液。若料偏酸，还应向内喷洒0.5%的石灰溶液，调节培养料酸碱度为微碱性。之后即可进入装袋播种阶段。

　　一般选用(22～25)cm×(40～45)cm×0.03cm规格的聚乙烯塑料袋，每袋可装干料在0.8～1.5kg。播种采用四层菌种三层料的方法，用种量为干料量的20%左右，投种比例为3∶2∶2∶3，两头多，均匀分布；中间少，周边分布。菌种要事先挖出掰成约1cm见方的小块，放在消毒的盆中盛集中使用，也可以随用随挖取。污染、长势弱、老化的菌种不用或慎用。料袋两头用细绳扎活结即可，也可以用套环覆盖报纸，用皮套箍紧，以增加透气。

　　菌袋的发菌期间，气温维持在20～25℃，且菌袋之间要留有缝隙。菇棚内应悬挂温度计，袋温不能超过28℃。如太高一定及时采取遮阳、喷雾降温、增大菌袋间距离等措施。发菌期间菇棚内空气相对湿度以60%左右为宜。菇棚内光线应营造弱光和黑暗条件，光线很强不利于菌丝生长，易引起菌丝老化。一般菇棚每天通风2～3次，保持发菌环境空气清新。2～4天后，菌丝萌发生长，要采用别针于菌丝生长前端处间隔1cm刺1cm深微孔以增氧促进菌丝生长。

　　气温在20℃以上时约20天菌丝即可长满袋。菌丝发满料袋后解开两端的细绳，菌袋增加氧气和湿度供给量，5～7天后菌袋的菌丝更加洁白、浓密，此时应调控环境之中温度、湿度、光照、通风等条件，以促使平菇原基尽快分化。平菇是变温结性菌类，此时应利用早晚气温低、中午气温高的特点，拉大昼夜温差5℃以上，同时环境湿度维持在85%～90%，当发现菌丝表面开始有菌丝扭结，产生米粒状菌丝球时停止温差刺激。左图所示为平菇原基。

　　平菇原基产生后，维持环境温度在18～25℃；在桑甚期和珊瑚期湿度保持在85%左右，期间应喷雾状水；子实体菌盖直径达2cm以上时，湿度保持在90%左右，喷水要向空间、地面喷雾增湿，可适当向子实体上少喷、细喷雾状水，以利于子实体生长。创造"三分阳、七分阴"的出菇环境，散射光可诱导早出菇，多出菇；黑暗则不出菇；光照不足，出菇少，柄长，盖小，色淡，畸形。每天要打开门窗和通风口通风换气，以保证菇棚内空气清新。这样菇可在1～2天内成熟。

　　当平菇菌盖平展、直径达4～6cm时采收为好。这时采收的平菇，菌盖边缘韧性好、菌肉肥嫩、菌柄柔韧，商品外观好。采收前为保证菇的品质不宜喷水。采收时一手按住培养料，一手拖住菇丛基部轻轻旋转采下，不要带起过多栽培料。每次采收后，都要清除料面老化菌丝、幼菇、菌柄、死菇，以防腐烂招致病虫害，再将袋口合拢，避免栽培袋过多失水；然后整理菇场，停止喷水，降低菇场的湿度，以利平菇菌丝恢复生长。

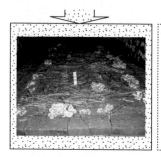

采收2～3潮菇后，平菇菌袋失水过多，可进行补营养水，使菌袋重量和出菇前重量接近。菌袋补水可采用注射和浸泡的方法进行，浸水后仍按第一潮出菇的管理办法进行。也可脱去塑料袋后，补充营养液后进行菌棒覆土管理。覆土可采用大田土或菜园土，土用前应暴晒消毒处理并过筛，覆土厚2～4cm，同时上铺一层稻草以利于保湿。用该法又可出2～3潮好菇。

三、平菇发酵料栽培知识拓展

栽培季节选择：常选择春秋两季温度较低的时节选用该法。高温季节不宜选用该方法。

栽培品种选择：平菇分为低、中、高温型品种和广温型品种，我们必须根据实际的栽培季节来确定相应温型的栽培品种。如果栽培季节和平菇温型不一致，则容易引起低产或绝产，蒙受较大的经济损失。

常用配方选择：

① 棉籽壳40%，木屑45%，麸皮10%，过磷酸钙0.5%，石膏粉0.5%，尿素0.5%，蔗糖0.5%，白灰3%，料水比1∶1.5。

② 玉米芯85%，麸皮10%，过磷酸钙0.5%，石膏粉0.5%，尿素0.5%，蔗糖0.5%，白灰3%，料水比1∶1.5。

③ 玉米芯60%，豆秸11%，花生秧11%，麸皮10%，玉米面1%，过磷酸钙1.5%，石灰5%，蔗糖0.5%，料水比1∶（1.55～1.65）。

播种规范：播种采用四层菌种三层料的方法（图5-1），用种量为干料量的20%左右，投种比例为3∶2∶2∶3，两头多，均匀分布；中间少，周边分布。菌种要事先挖出瓣成约1cm见方的小块，放在消毒的盆中盛装集中使用，也可以随用随挖取。污染、长势弱、老化的菌种不用或慎用。料袋两头用细绳扎活结即可，也可以用套环覆盖报纸用皮套箍紧，以增加透气，扎口端各占用栽培袋5cm左右。一般在栽培袋装袋前集中将栽培袋的一端扎紧，塑料袋的端面采取折纸扇的方法折好后用细绳捆扎。

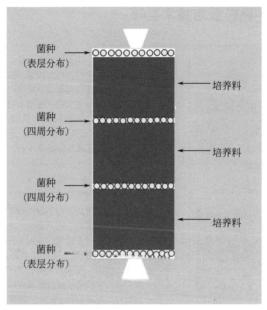

图5-1　平菇发酵料装袋播种示意图

第二节　平菇半熟料生产

平菇半熟料栽培是通过将营养液拌入培养原料后，经100℃高温蒸汽常压灭菌2～3h后，来杀死培养料内绝大多数病原杂菌和虫卵，之后再将蒸汽灭菌后的培养料趁热装袋，冷却后再进行播种栽培的一种培养方式。

一、平菇半熟料栽培工艺流程

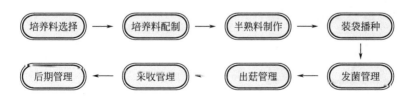

二、平菇半熟料栽培技术要领

　　常选择棉籽壳、玉米芯、玉米秆、豆秸、木屑等栽培原料作为主料来作为料内碳源；麸皮、稻糠、豆粕等作为辅料来补充料内氮源。培养料应新鲜、无霉变，玉米芯等主料应在太阳下曝晒2～3天。此外还需要一些矿质营养，常利用的矿质营养有$CaCO_3$、$MgSO_4$、KH_2PO_4、石灰、石膏等；还可将料内添加微量的维生素和氨基酸等营养物质。

　　按常规拌料的干混、湿混操作程序，干混是指将栽培原料的主料和辅料中的不溶物，如麸皮、稻糠、石膏、过磷酸钙等在不加水的情况下将辅料均匀撒于主料表面进行搅拌混匀；湿混是将原料中可溶性物质，如石灰、蔗糖、尿素、磷酸二氢钾和硫酸镁等药品溶于水中加入。但要注意含水量应较发酵料栽培水分低。左图为正在使用自走式拌料机拌料。

　　在用高温蒸汽蒸培养料之前，最好先将培养料堆置2～3天，一方面可使培养料吸水充分；另一方面可利用发酵产生热能杀死部分杂菌。培养料堆置后，利用上料机，将培养原料传入常压灭菌罐内灭菌。

　　用蒸汽锅炉将高温蒸汽导入常压灭菌罐内灭菌，注意此过程将罐内冷空气先排尽，待罐内达饱和蒸汽时开始计时。罐内温度100℃，维持2～3h，之后停止供热蒸汽，并闷一夜。左图为正在使用常压移动式灭菌罐灭菌。有的菇农也可以使用土蒸锅进行半熟料灭菌。

第二天趁热及时装袋,可利用装袋机装袋可提高装袋效率,装袋机内外均采用高锰酸钾消毒。一般选用(22～25)cm×(40～45)cm×0.03cm规格的聚乙烯塑料袋,每袋可装干料为0.8～1.5kg。装袋时,操作装袋机的那个人要注意手戴隔热手套,以防烫手。之后其余人趁热再将袋口用套圈和无棉盖体封口,或使用线绳用活扣系好袋口。

封好口的料袋趁热及时转运至消毒后的冷凉室内降温,料袋上可再喷一些杀菌药。当料袋内温度降至30℃以下时,尽快播种。播种时采用一端播种法,接种量要大,要让菌体布满料面,之后扎活扣系紧袋口,通常使用液体菌种接种效果较好。左图为正在使用液体菌种接种枪接种。

菌袋的发菌期间,气温维持在20～25℃,且菌袋之间要留有缝隙。菇棚内应悬挂温度计,袋温不能超过28℃。如太高一定及时采取遮阴、喷雾降温、增大菌袋间距离等措施。发菌期间菇棚内空气相对湿度以60%左右为宜。菇棚内光线应营造弱光和黑暗条件。一般菇棚每天通风2～3次,保持发菌环境空气清新。2～4天后,菌丝萌发生长,要采用别针于菌丝生长前端处间隔1cm刺1cm深微孔以增氧促进菌丝生长,约30天左右长满菌包。

平菇菌包长满菌丝后,则进入出菇管理阶段。打开袋口,将出菇口换上大口径的套环,并以报纸覆盖。环境此阶段应营造5℃以上温差,增加环境湿度至85%,并增强散射光,增加棚内通风量,当发现菌丝扭结成米粒状原基时,则应将环境温度稳定在16～20℃,以保证菇的品质;湿度保持在85%以上,最好应喷雾状水;光线以"三分阳、七分阴"为宜;环境中的空气始终要保持新鲜。这样平菇可顺利地成长为优质菇。

当平菇菌盖平展、直径达4～6cm时采收为好。这时采收的平菇，菌盖边缘韧性好、菌肉肥嫩、菌柄柔韧，商品外观好。采收前为保证菇的品质不宜喷水。采收时一手按住培养料，一手拖住菇丛基部轻轻旋转采下，不要带起过多栽培料。每次采收后，都要清除料面老化菌丝、幼菇、菌柄、死菇，以防腐烂招致病虫害，再将袋口合拢，避免栽培袋过多失水；然后整理菇场，停止喷水，降低菇场的湿度，以利平菇菌丝恢复生长。

采收2～3潮菇后，平菇菌袋失水过多，可进行补营养水，使菌袋重量和出菇前重量接近。菌袋补水可采用注射和浸泡的方法进行，浸水后仍按第一潮出菇的管理办法进行。也可脱去塑料袋后，补充营养液后进行菌棒摆泥墙管理。覆土可采用大田土或菜园土，土用前应暴晒消毒处理并过筛，覆土厚2～4cm，用该法又可出2～3潮好菇。

三、平菇半熟料栽培知识拓展

栽培季节选择：常选择春秋两季温度较低的时节选用该法。高温季节不宜选用该方法。

栽培品种选择：同平菇发酵料栽培一样，我们必须根据实际的栽培季节来确定相应温型的栽培品种。如果栽培季节和平菇温型不一致，则容易引起低产或绝产，蒙受较大的经济损失。

常用配方选择：

① 玉米芯40%，木屑45%，麸皮12%，过磷酸钙0.5%，石膏粉0.5%，尿素0.5%，蔗糖0.5%，白灰1%，料水比1：1.15。

② 木屑85%，麸皮12%，过磷酸钙0.5%，石膏粉0.5%，尿素0.5%，蔗糖0.5%，白灰1%，料水比1：1.15。

③ 木屑64%，豆秸11%，花生秧11%，麸皮10%，玉米面1%，磷肥1.5%，石灰1%，蔗糖0.5%，料水比1：1.15

土蒸锅（图5-2）半熟料灭菌规范：蒸料的目的之一是软化培

养料，使高分子化合物降解为低分子化合物，便于菌丝的吸收利用。之二是杀死部分杂菌和害虫，使之减少病虫害的发生。蒸料时，锅内放入铁帘或木帘或竹帘。先往锅内注水，水面距帘15cm，帘上铺放经编袋或麻袋片，用旺火把水烧开，然后往帘上撒培养料，见汽撒料，少撒、勤撒、匀撒，锅装满后，用较厚的塑料薄膜和帆布把锅筒包盖，外边用绳捆绑结实。

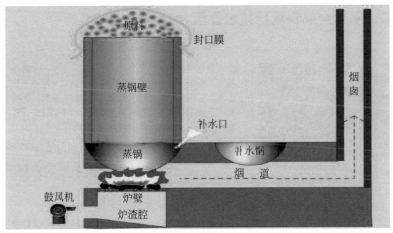

图5-2　土蒸锅示意图

锅大开后，塑料鼓起，成馒头状，这时开始计时，保持3h后，闷一晚便可出锅。出锅时，把培养料趁装入塑料袋内冷却后，即可接种。如果有的农户想做地畦栽培平菇，则需趁热将培养料装入消过毒的编织袋内，放于洁净的冷却室冷凉，待温度降至30℃以下时，即可于地畦内铺料播种。

第三节　平菇全熟料生产

平菇全熟料栽培是将培养原料经营养液拌匀后，再装袋经100℃高温蒸汽常压灭菌8h以上，或120℃高温蒸汽高压灭菌2h左右来彻底杀死培养料内全部病原杂菌和虫卵，之后再将料袋冷却后接种栽培的一种培养方式。

一、平菇全熟料栽培工艺流程

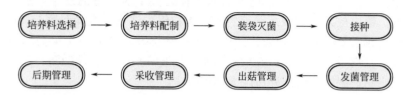

培养料选择 → 培养料配制 → 装袋灭菌 → 接种

后期管理 ← 采收管理 ← 出菇管理 ← 发菌管理

二、平菇全熟料栽培技术要领

常选择棉籽壳、玉米芯、玉米秆、豆秸、木屑等栽培原料作为主料来作为料内碳源；麸皮、稻糠、豆粕等作为辅料来补充料内氮源。培养料应新鲜、无霉变，玉米芯等主料应在太阳下曝晒2～3天。此外还需要一些矿质营养，常利用的矿质营养有$CaCO_3$、$MgSO_4$、KH_2PO_4、石灰、石膏等；还可将料内添加微量的维生素和氨基酸等营养物质。

按常规拌料的干混、湿混操作程序，干混是指将栽培原料的主料和辅料中的不溶物，如麸皮、稻糠、石膏、过磷酸钙等在不加水的情况下将辅料均匀撒于主料表面进行搅拌混匀；湿混是将原料中可溶性物质，如石灰、蔗糖、尿素、磷酸二氢钾和硫酸镁等药品溶于水中加入。但要注意含水量应较发酵料栽培水分低；也可使用机械搅拌。

在装袋之前，最好先将培养料建堆预湿1天，使培养料吸水充分；之后装袋，一般选用(22～25)cm×(40～45)cm×0.03cm规格的聚乙烯塑料袋，每袋可装干料在0.8～1.5kg。之后扎活扣系紧袋口。将料袋装框后运于灭菌房内灭菌。温度达100℃，维持8h，通常一次性灭菌3000袋以上时，每增加1000袋，灭菌时间延长1h。

灭菌结束后，料袋趁热及时转运至消毒后的冷凉室内降温，料袋上可再喷一些杀菌药。袋料袋内温度降至30℃以下时，尽快播种。将其转运至接种室，接种室进行熏蒸消毒并空间喷洒消毒液，待达到接种要求后及时播种，接种量最好要大，要让菌种布满料面，之后用无棉盖体封口。因全熟料易发生污染，所以整个接种过程动作要迅速，空间要保持洁净无菌。

菌袋的发菌期间，气温维持在20～25℃，且菌袋之间要留有缝隙。培养室内应悬挂温度计，袋温不能超过28℃。发菌期间培养室内空气相对湿度以60%左右为宜。培养室内光线应营造弱光和黑暗条件。一般每天通风2～3次，保持发菌环境空气清新。每隔3天应向室内喷洒杀菌药液。

平菇菌包长满菌丝后，则进入出菇管理阶段。打开袋口，将出菇口换上大口径的套环，并以报纸覆盖。环境此阶段应营造5℃以上温差，增加环境湿度至85%，并增强散射光，增加棚内涌风量，当发现菌丝扭结成米粒状原基时，则应将环境温度稳定在16～20℃，以保证菇的品质；湿度保持在85%以上，最好应喷雾状水；光线以"三分阳、七分阴"为宜；环境中的空气始终要保持新鲜。这样平菇可顺利地成长为优质菇。

当平菇菌盖平展、直径达4～6cm时采收为好。这时采收的平菇，菌盖边缘韧性好、菌肉肥嫩、菌柄柔韧，商品外观好。采收前为保证菇的品质不宜喷水。采收时一手按住培养料，一手拖住菇丛基部轻轻旋转采下，不要带起过多栽培料。每次采收后，都要清除料面老化菌丝、幼菇、菌柄、死菇，以防腐烂招致病虫害，再将袋口合拢，避免栽培袋过多失水；然后整理菇场，停止喷水，降低菇场的湿度，以利平菇菌丝恢复生长。

采收2～3潮菇后，平菇菌袋失水过多，可进行补营养水，使菌袋重量和出菇前重量接近。菌袋补水可采用注射和浸泡的方法进行，浸水后仍按第一潮出菇的管理办法进行。也可脱去塑料袋后，补充营养液后进行菌棒摆泥墙管理。覆土可采用大田土或菜园土，土用前应暴晒消毒处理并过筛，覆土厚2～4cm，用该法又可出2～3潮好菇。

三、平菇全熟料栽培知识拓展

栽培季节选择：可以周年进行生产。但也要注意尽量避免夏季高温季节进行接种、栽培，因高温季节蚊虫杂菌很活跃，容易增加菌包的污染率。

栽培品种选择：同平菇发酵料栽培一样，我们必须根据实际的栽培季节来确定相应温型的栽培品种。如果栽培季节和平菇温型不一致，则容易引起低产或绝产，蒙受较大的经济损失。

常用配方选择：

① 玉米芯40%，木屑45%，麸皮12%，过磷酸钙0.5%，石膏粉0.5%，尿素0.5%，蔗糖0.5%，白灰1%，料水比1：1.2。

② 木屑85%，麸皮12%，过磷酸钙0.5%，石膏粉0.5%，尿素0.5%，蔗糖0.5%，白灰1%，料水比1：1.15。

③ 木屑64%，豆秸11%，花生秧11%，麸皮10%，玉米面1%，磷肥1.5%，石灰1%，蔗糖0.5%，料水比1：1.2。

全熟料栽培接种环境规范：平菇全熟料栽培由于培养料经过了长时间高温灭菌，原料自身对杂菌的抵抗能力明显下降，加上料内营养成分较多，且变得柔软，一旦遭受杂菌感染，污染速度往往比生料、发酵料和半熟料快得多。因此，平菇全熟料栽培中对接种环境要求较高。有条件的企业和个人可采用专门接种室接种；若没有条件，则可采用接种帐进行接种。接种之前房间或接种帐必须经过喷洒环境消毒水和进行环境熏蒸消毒，如进行二氧化氯喷洒消毒，使用甲醛和高锰酸钾熏蒸，紫外线照射或使用臭氧发生机进行环境的彻底杀菌。一些高标准的食用菌生产企业，环境中使用高效空气过滤器，入口处采用风淋室，接种线采用FFU净化层流罩（图5-3）内接种等措施。

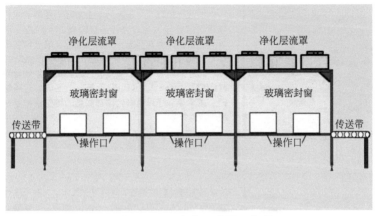

图5-3 FFU净化层流罩示意图

第四节 特色观光平菇生产

当前观光农业成为发展现代农业、建设新农村新的产业集群和新的经济增长点。全国各地结合自身实际，发展观光农业方兴未艾。"吃农家饭，住农家屋，做农家活，看农家景，采农家果"成了农村一景。食用菌产业在观光农业中的地位、作用和影响与日俱增，成为人们喜闻乐见、流连忘返的观光风景中的奇葩。下面就平菇生产在观光农业中的特色应用做个介绍。

一、"平菇墙"和"平菇柱"制作工艺流程

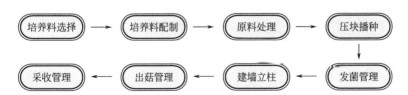

二、"平菇墙"和"平菇柱"栽培技术要领

常选择棉籽壳、玉米芯、玉米秆、豆秸、木屑等栽培原料作为主料来作为料内碳源；麸皮、稻糠、豆粕等作为辅料来补充料内氮源。培养料应新鲜、无霉变，玉米芯等主料应在太阳下曝晒2～3天。此外还需要一些矿质营养，常利用的矿质营养有$CaCO_3$、$MgSO_4$、KH_2PO_4、石灰、石膏、过磷酸钙、尿素等；还可将料内添加微量的维生素和氨基酸等营养物质。

按常规拌料的干混、湿混操作程序，干混是指将栽培原料的主料和辅料中的不溶物，如麸皮、稻糠、石膏、过磷酸钙等在不加水的情况下将其拌均匀，之后撒于主料表面充分搅拌混匀；湿混是将原料中可溶性物质，如石灰、蔗糖、尿素、磷酸二氢钾和硫酸镁等药品溶于水中加入。若将来要发酵，则含水量控制在65%左右；若将来采用半熟料灭菌，则含水量控制在50%～55%。

可以建堆发酵，培养料经4～5天发酵完后，当培养料颜色由浅黄色变为深棕色，有浓郁的料香，原料变得柔软，含水量适宜时，即完成培养料发酵过程。

也可以进行半熟料制作，用蒸汽锅炉将高温蒸汽导入常压灭菌罐内灭菌，或用土蒸锅进行灭菌。期间注意要将罐内或土蒸锅内冷空气先排尽，待达饱和蒸汽时开始计时。罐内温度100℃，维持2～3h，之后停止供热蒸气，并闷一夜。之后装入洁净编织袋内移入冷却室冷凉后使用。

利用平菇压块模具，长宽高为50cm×35cm×10cm，内先铺60cm×60cm见方的白色聚乙烯薄膜，经高锰酸钾消毒后，之后铺于模具内，下衬托帘和托板，之后采用四层菌种三层料的方法，用种量为干料量的20%左右，投种比例为3：2：2：3，上下两个面应多，均匀分布；中间少，周边分布。每层料均要使用压板压紧实，以防料快虚松不成形。之后将上层塑料膜折叠系好，将菌块移入遮光、通风、洁净处培养。

菌块的发菌期间，气温维持在20～25℃，且菌块之间要留有缝隙。菇棚内应悬挂温度计，块内温不能超过28℃。如太高一定及时采取遮荫、喷雾降温、增大菌块间距离等措施。发菌期间菇棚内空气相对湿度以60%左右为宜。菇棚内光线应营造弱光和黑暗条件。一般菇棚每天通风2～3次，保持发菌环境空气清新。约25天长满菌块。

菌块长满块后，块内菌丝已将培养原料紧密连成为一个整体。随后在栽培场地将地面撒生石灰，在将要摆放菌块的位置上摆一趟砖，之后脱去菌块外包裹的塑料薄膜，将菌块整齐地一层一层排放成墙状，层数控制在5～6层。之后用湿报纸或薄膜再覆盖在菌墙外面以保湿，防止菌面缺水干燥。左图为正在摆菌墙。

若将菌块脱去膜后，按照左图摆5～6层高的菌块，则为菌柱。菌柱四周均可出菇，但占空间较多。

如果利用菌块摆成其他立体造型，则更富有另类吸引人的效果。这里仁者见仁、智者见智，其他造型不一一介绍了，方法、原理大体一致。

平菇菌墙或菌柱排摆好后，则进入出菇管理阶段。环境此阶段应营造5℃以上温差，增加环境湿度至85%，并增强散射光，增加棚内通风量，当发现菌丝扭结成米粒状原基时，则应将环境温度稳定在16～20℃，以保证菇的品质；湿度保持在85%以上，最好应喷雾状水；光线以"三分阳、七分阴"为宜；环境中的空气始终要保持新鲜。这样平菇可顺利地成长为优质菇。

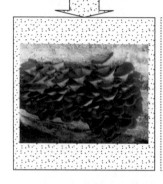

当平菇菌盖平展、直径达4～6cm时采收为好。这时采收的平菇，菌盖边缘韧性好、菌肉肥嫩、菌柄柔韧，商品外观好。采收前为保证菇的品质不宜喷水。采收时一手按住培养料，一手拖住菇丛基部轻轻旋转采下，不要带起过多栽培料。每次采收后，都要清除料面老化菌丝、幼菇、菌柄、死菇，以防腐烂招致病虫害，再将袋口合拢，避免栽培袋过多失水；然后整理菇场，停止喷水，降低菇场的湿度，以利平菇菌丝恢复生长，之后进入下茬平菇的管理，方法同前。

三、其他特色观光平菇栽培技术

（一）平菇立架出菇

利用发酵料、半熟料或全熟料方式培养好菌袋后，将外部塑料袋扒去，之后将其插于消过毒的立架上，如图5-4所示。立架常选用铁质或硬质塑料制成，可直立放于出菇场所。菇架之间架设喷雾管带。出菇方式请参照前面介绍。

（二）平菇卡通房子

利用发酵料或半熟料方式制作好培养料，放入制作好的卡通容器中，高度不低于5cm。卡通容器材质可选择透明硬质塑料或玻璃容器，造型根据自己的喜好来制作。但不论哪种造型要注意在造型的容器顶端开一小口，上覆可掀动的塑料薄膜，一来可以通气，二来可以喷雾增湿。之后将平菇菌种撒播于培养料上。按照常规出菇培养、管理（图5-5）。

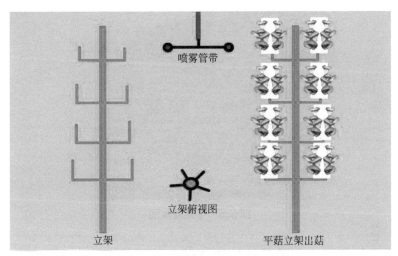

图5-4 平菇立架出菇模式图

图5-5 平菇卡通房子

（三）平菇盆景

利用发酵料、半熟料或全熟料方式培养好平菇出菇菌包，待菌丝完全长满以后，脱去表层塑料袋，放入准备好的盆景盆内，盆景盆应提前经高锰酸钾浸泡消毒。之后在菌丝表面覆一层约3cm厚的土壤，土壤应提前消毒，并调节土壤含水量在55%左右。之后按照常规出菇培养、管理（图5-6）。

图5-6　平菇盆景图

四、特色观光平菇栽培知识拓展

　　栽培季节选择：若选用全熟料法则可以周年进行生产，但也要注意尽量避免夏季高温季节进行接种、栽培；若采用发酵和半熟料方法栽培，则应注意选择低温季节。

　　栽培品种选择：同平菇发酵料栽培一样，我们必须根据实际的栽培季节来确定相应温型的栽培品种。如果栽培季节和平菇温型不一致，则容易引起低产或绝产，蒙受较大的经济损失。

　　常用配方选择：

　　① 玉米芯40%，木屑45%，麸皮12%，过磷酸钙0.5%，石膏粉0.5%，尿素0.5%，蔗糖0.5%，白灰1%，料水比1：1.2。

　　② 木屑85%，麸皮12%，过磷酸钙0.5%，石膏粉0.5%，尿素0.5%，蔗糖0.5%，白灰1%，料水比1：1.15。

　　③ 木屑64%，豆秸11%，花生秧11%，麸皮10%，玉米面1%，磷肥1.5%，石灰1%，蔗糖0.5%，料水比1：1.2。

　　平菇压块模具（图5-7）：平菇在发酵料和半熟料制作压块时的生产模具。要注意模具使用材料表面应光滑，勿要有小刺等颗粒划破包装膜引起污染。

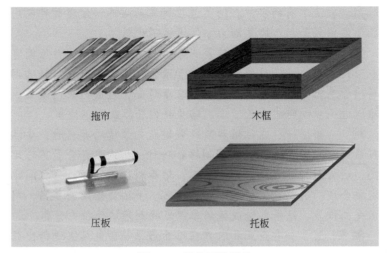

拖帘　　　　　　　　木框

压板　　　　　　　　托板

图5-7　平菇压坱模具

生产常见问题及解析

案 例 一：有的农户在平菇发酵料制作过程中，后期在拌料过程中闻到料内传出酸臭的味道，翻开料，发现内部培养料呈现黏湿色浅的状态。

问题解析：在制作发酵料过程中，出现难闻酸臭的气味，这主要是由于培养料配制过程中含水量太大和翻堆不及时、不规范造成的。

对　　策：一、在培养料拌料过程中，各原料应充分混合均匀，同时前期料内含水量控制在65%～70%，不宜过高，否则容易造成升温缓慢和透气性变差；也不能低于55%，否则容易造成培养料发酵过程中水分散失过多而缺水。二、培养料经拌匀后建堆，当料堆内温度达65℃以上维持24h后及时翻堆，以后每天保证翻堆1次，环境温度若高，则要1天早晚各翻堆1次，以防止由于发酵过度出现异味。三、翻堆时要讲究一定方法，要结合发酵料堆各料层之间特点，位置要相互倒换，切忌最底层料层始终处于下面，最终实现培养料堆整体发酵一致。

案例二：有的农户在给菌包接种完后培养，发现菌种包内菌种已萌发出新菌丝、恢复活力；但迟迟不吃料。

问题解析：接种后菌种恢复正常生长，但迟迟不吃料原因可能有以下几方面：一、培养料装得过于紧密，尤其当培养原料选用细木屑培养基时；二、培养料内水分含量过高，造成料袋内缺氧，菌丝难以进一步向料内生长；三、培养料内营养配比不恰当。

对　　策：一、在往培养袋或栽培瓶内装填培养料时，要注意不可装得过于紧实；二、在调制培养料时，料内水分含量不可比例过高，通常维持在60%～65%；三、培养料内各营养成分之间比例一定要合理，有些菇农误将石灰、化肥、多菌灵等比例算错，用量较原先高很多，结果也造成菌丝难以吸收利用培养料内营养。

案例三：一些企业和农户在培养好平菇菌包后去进行出菇培养，发现整个菌包菌丝生长洁白、浓密，但就是迟迟不分化原基，产生不出小菇蕾。

问题解析：菌包内菌丝生长良好，也已吃透培养料，但迟迟不出菇的可能原因如下：一、培养料内原先添加的氮素营养比例过高，这样菌包内菌丝由营养生长向生殖生长转化就很困难；二、可能选择的平菇品种不适合当时的季节。

对　　策：一、在配制培养料时，料内添加的麸皮、稻糠的比例通常在10%～15%；培养料整体的C/N比值范围在（30～40）：1；二、一定要根据未来的出菇季节来确定所选用的品种。若将中低温型品种安排在夏季、初秋等高温环境下出菇，则可能会发生原基迟迟不分化的现象。

案例四：有些企业和农户在配制培养料时，平菇、黑木耳、香菇、鸡腿菇等培养基配方有乱用的现象。

问题解析：不同的品种，甚至同一品种采用不同栽培模式时，培养基配方都有所不同，否则会出现C/N比值范围不适应菌丝或子实体生长的现象；或是营养成分难以满足相应食用菌品种生长的现象。

对　　策：一、在配制培养料时，先要了解清楚所要栽培食用菌品种的营养需求规律，根据营养需求要求配制符合该食用菌品种的适宜C/N比值范围；二、草腐菌和木腐菌之间的配方一般不能混用；三、配方中酸碱度的调配一定要符合栽培品种的生长特性。

案例五：在大棚或出菇室将菌包内平菇菌丝培养满袋后，选择的平菇品种也适应当时的季节出菇，但进入出菇管理后，发现产生的原基数量稀疏，菇产量不高，且菌包污染率较高。

问题解析：造成这种现象可能的原因如下：一、菌包在培养过程中出现过"烧菌"问题；如果培养室内长时间高于30℃以上，甚至超过35℃，则会引起平菇菌丝徒长，造成菌丝纤细、活力降低、抵抗力下降；严重的会引起菌包"烧菌"现象发生。"烧菌"会造成菌包内菌丝产生热害受损或死亡，直接影响今后的菌包产量；出现过"烧菌"的菌包内部往往菌丝稀疏或退菌。二、平菇菌种老化引起。

对　　策：一、平菇菌包在培养过程中，应在培养的环境中悬挂温度计随时观测培养的温度；同时在菌包之间和菌包内也插放温度计。由于菌包之间的温度往往较环境中高，所以当发现环境中温度接近温度警戒线时，那么菌包之间的温度则早已超过警戒温度了，这样就增加了"烧菌"现象发生的概率。二、如果选用一些老化的平菇菌种进行播种，也会造成菌包内菌丝活力下降，产量降低，抵抗力降低。对于这种由于菌种老化引起的问题，可以提前将菌种接入液体培养基内做检验，若规定时间内产生的菌丝球数量稀疏，则证明该菌种存在老化问题。另外在购买栽培种或原种时，若发现菌种已出现大量原基，甚至都长出平菇子实体了，对于这样的菌种则容易产生菌种老化问题。

案例六：当平菇菌包长满袋后，开始进入刺激原基分化阶段。有的农户将菌包两端塑料袋口剪至与料面齐平，拿水管往菌包上喷水柱，同时还在培养场所通"穿堂风"，结果出现原基未分化或已分化原基萎缩死亡的现象。

问题解析：在原基分化阶段，若往菌丝料面上喷大水或是吹大风，易引起原基的不分化或死亡。

对　　策：一、在原基分化阶段，注意塑料袋口不应大敞开或剪掉，而是应将袋口拉成"锥形"，这样一来可保湿，二来可以有助于积累低浓度的二氧化碳，有利于原基分化。若已剪去塑料袋口，则需在袋口菌丝面上覆盖一层湿报纸或铺一层薄膜。二、在原基分化时，切忌培养场所通大风，否则易引起菌丝面干燥而影响原基形成。三、当原基形成后，切忌直接往原基上喷大水或通大风，否则易引起原基死亡。正确的做法是进行适度通风，之后喷雾状水来增加空气湿度。

案 例 七：有些企业和农户在刚刚采收完的平菇子实体进行装箱存放时，发现菌盖普遍裂开了，失去了良好的商品外观。

问题解析：采收后的平菇菌盖开裂主要是由于采收后，平菇子实体仍有部分生长活力。当环境中干燥时，平菇子实体表层干燥，而内部则仍在生长，因此导致菌盖开裂。

对 策：在平菇采收前1～2天，要注意降低培养场所的培养温度，使平菇子实体生长变缓，这样可使其内部生长紧密，品质增高；同时还应降低环境湿度至60%～70%。采收后的平菇在装箱后，上覆一层聚乙烯薄膜保湿，同时应及时存放到冷库保鲜。通过这样的措施可降低平菇子实体开伞率。

第六章　平菇病虫害及防治

第一节　平菇病害防治

　　平菇生产中，种植户或企业如果在生产环节中不加注意，则会遭受环境中无处不在的病原微生物的侵害，结果引起平菇菌种、产品发生各种病症、污染，造成大面积的损失。如有的企业由于原材料选择不当，或是灭菌不彻底，或是环境消毒不彻底等原因，造成了整批菌袋的污染报废、子实体产量降低、质量受损；结果这些企业又将污染的菌棒、生产废料、污染料、下脚料、带虫卵料堆积在厂区没及时处理，造成病原杂菌快速增殖、蔓延，又给厂区环境带来了巨大的隐患，以后的生产状况可想而知。病虫害已成为平菇生产中非常突出的问题，如何有效控制、预防病虫、杂菌的为害是保证平菇高产、稳产、质优的重要环节。

一、平菇病害类型及发生原因

　　平菇病害可分为侵染性病害和生理性病害；侵染性病害特点是生长在培养基基质中与平菇菌丝争夺养分和生长空间，往往它的繁殖和扩散速度远高于平菇菌丝，结果大面积菌丝和子实体受损害；侵染性病害主要包括真菌病害、细菌病害和病毒病害等。平菇生理性病害不是由于受到有害微生物的侵害造成，而是由于生态环境、营养条件等不适合平菇生长、发育时，就会发生生理性病变。

（一）侵染性病害类型及成因

1.真菌性病害

名称、形态	形态特征	发生原因
木霉	初期产生灰白色棉絮状	木霉菌丝繁殖迅速，常在短时间

名称、形态	形态特征	发生原因
木霉	的菌丝；中期从菌丝层中心开始向外扩展；后期菌落转为深绿色并出现粉状物的分生孢子，菌落为浅绿、黄绿、深绿等颜色	内爆发，对多种食用菌造成严重的害。孢子萌发适温为25～30℃，空气相对湿度为95%。分生孢子可在空气中传播，培养料、覆土和菌事操作都可将木霉孢子带入栽培场和培养室
青霉	与平菇菌丝相似，不易区分，菌落初为白色；中期菌落很快转为松棉絮状，气生菌丝密集；后期逐渐出现疏松单个的浅蓝色至绿色粉末状菌落，大部分呈灰绿色	菌丝生长适温为20～30℃，空气相对湿度为80%～90%，其传播主要由孢子随空气飞散而传播。食用菌制种如消毒不严、棉塞潮湿、培养室温度高、湿度大、通风不良、培养料偏酸等都易感染此菌
曲霉	初期为白色绒毛状菌丝体；中期菌落扩展较慢，菌落较厚；后期菌落很快转为黑色或黄绿色的颗粒性粉状霉层	温度高、湿度大曲霉菌易发生，主要靠空气传播，培养料本身带菌或培养室消毒不严格是污染的主要原因
链孢霉	菌落初期为白色，棉絮状；中期菌落很快变为橘黄色绒毛状，迅速蔓延；后期在培养料表面形成一层团块状的孢子团，呈橙红色或粉红色。产生的孢子极易随空气流动传播	链孢霉的生活力很强，分生孢子耐高温，在温度25℃以上，空气相对湿度为85%～90%，繁殖极快，2～3天就可完成一代。传播方式主要为粉状孢子随气流扩散飞扬传播。制种或培养菌种期间，培养料灭菌不彻底，接种箱和培养室消毒不严，接种操作带菌，特别是棉塞受潮时易发生感染
毛霉	菌落初期为白色，棉絮状；老后变为黄色、灰色或浅褐色，不形成黑色颗粒状霉层	毛霉在自然界分布很广，毛霉的孢子存在于土壤和空气中随气流传播，在温度25～30℃，空气相对湿度85%～95%，通风不良的情况下极易发生

续表

名称、形态	形态特征	发生原因
根霉	菌落初为白色棉絮状，菌丝白色透明，与毛霉相比，气生菌丝少；后变为淡灰绿色或灰褐色，在培养料表面形成一层黑色颗粒状霉层	根霉同毛霉一样，自然界分布广泛，土壤和空气中都有它的孢子，通常在气温高、通风不良的条件下易大量发生
酵母	酵母菌是一类单细胞真菌，圆形或卵圆形，个体比细菌大，酵母菌菌落与细菌的菌落相似，但比细菌菌落大而肥厚，多为圆形，有黏性，不透明，多数乳白色，少数粉红色	以播种过早、气温较高、培养料内水分偏高时容易发生。污染严重时散发出酒酸气味
疣孢霉	子实体形成表面覆盖白色绒毛状菌丝的马勃状组织块并逐渐变褐，渗出暗褐色汁液，严重感染时形成畸形菇；感染部位出现角状淡褐色斑点，病菇变褐腐烂渗出褐色的汁液，并散发恶臭气味	疣孢霉的厚垣孢子可在土壤中休眠数年，初侵染主要来源于土壤，菇棚内的病菇造成再度侵染。出菇室高温、高湿、通风不良时发病严重
轮枝霉	形成与褐腐病相似的组织块，菌盖产生许多不规则针头大小褐色斑点，逐渐扩大产生灰白色凹陷，菌柄加粗变褐，病菇干裂枯死，菌盖歪斜畸形，菇体腐烂速度慢，不分泌褐色汁液，无特殊臭味	初侵染来源主要是覆土及周围环境中的菌生轮枝霉孢子。菇床发病后，通过喷水孢子溅向四周传播。昆虫、螨类、人和工具、气流也可传播。菇房内气温高于20℃，湿度较大时，利于此病发生
白色石膏霉	在土壤表面，白色菌斑外缘绒毛状，中心粉状，有光泽，似涂抹石灰，中期菌斑转成身黄色面粉样，后期菌丝自溶，培养料变黑、变黏，产生恶臭	病原菌通过土壤、空气、培养料中的粪土、昆虫等进行传播。高温、高湿、培养料发酵不彻底、碱性过强等利于此病的发生

续表

名称、形态	形态特征	发生原因
 树状葡枝霉	初期料面上出现一层灰白色棉毛状（也称蛛网状）菌丝，蔓延迅速；中期扩展至整个菇床，把子实体全部"吞没"，只看到一团白色的菌丝；后期菌丝变成水红色，蔓延至整个子实体，淡褐色水渍状软腐，不畸形，手触即倒	树状葡枝霉广泛存在于土壤中，覆土中的病原物是初侵染来源。其菌丝生长最适温度为25℃左右，最适pH值在3～4之间，在空气相对湿度过大、覆土层或培养料过湿条件下易发病。
 胡桃肉状菌	初期菌丝黄白色，有时橙色或奶油色毡状；中期形成子座，似胡桃，有皱褶，白色，后期黄色或淡棕红色，有明显的漂白粉味	病原菌可以通过堆肥、覆土、工具等传播。高温、高湿是诱导菇床上该病原菌爆发的主要原因，培养料偏酸也利于该病的发生

2.细菌性病害

名称、形态	形态特征	发生原因
 细菌	细菌个体极小，但菌落明显可见，菌落的形状、大小和颜色各异，有些菌落无色透明，仅在表面呈湿润的斑点或斑块，有些菌落明显呈脓状，多为白色和微黄色。它造成子实体软腐，有黏性，并散出恶臭气味，湿度大时菌盖上可见乳白色菌脓	培养料、覆土材料以及不洁的水中均有病菌潜伏，通过人体、气流、虫类和工具等渠道可广泛传播。常在春菇后期，逢高温高湿、通风不良，特别是菌盖表面有水膜时发生。病菌生活在土壤或不清洁的水中，培养料也可带菌，主要通过管理用水污染子实体。高湿条件有利于发病
 托拉斯假单胞杆菌	菌盖上病斑很小，淡黄色；逐渐扩大为暗褐色圆形或梭形中间凹陷的病斑，几个到几十个，表面有薄的菌脓斑点干后菌盖开裂，形成不规则的子实体	该菌在自然界分布广泛，通常生存于土壤或不洁净的水中。可通过空气、水、覆土、蚊蝇、线虫、工具和人为传播。覆土有细菌，或用水不洁，菇房通风不好，在高温、高湿、菇体表面积水时，都易导致该病的发生

3.病毒性病害

名称、形态	形态特征	发生原因
 病毒	病毒个体极小，需电镜才能看到；宏观上引起平菇子实体颜色变异、产生条斑、子实体畸形、抗病性降低等	菌种未经脱毒，昆虫传播，长期使用同一品种造成病毒积累

（二）生理性病害

平菇生理性病害不是由于受到有害微生物的侵害造成，而是由于生态环境、营养条件等不适合食用菌生长、发育时，就会发生生理性病变，这属于非侵染性病害。在菌丝体阶段表现为菌丝萎缩或徒长，在子实体阶段则表现为畸形。

常见生理性病害类型见表6-1。

表6-1　常见生理性病害类型

原因	主要症状
温度过低	菌丝生长缓慢；子实体菌盖表面形成瘤状物，或分化畸形，如菌盖边缘呈现波浪状，或子实体表面出现盐霜状物
温度过高	菌丝徒长，甚至烧菌；子实体徒长、品质差，肉质发虚空软，不易存放
环境湿度过大	气生菌丝浓密；菌盖上又长出小菇蕾，出现二次分化现象
过度通风	子实体未充分长大就停止生长，开裂、萎缩，颜色枯黄干燥
CO_2浓度高光线不足	对菌丝无影响；平菇出现菌柄偏长、分枝增多，菌盖过小的"高脚菇"
C/N比不合理	C/N比高，只长菌丝不出菇；C/N比低，菌丝细弱，菇产量不高

二、平菇病害防治措施

平菇生产中的病害防治应以预防为主，注意栽培场所的环境卫生，降低环境杂菌数量；严格平菇生产环节，选用健壮，高品质的菌种，提高菌种抗杂能力；规范无菌操作规程，避免接种污染；规范菌种培养环节，强化菌种检查，及时清理污染菌袋，维护环境清洁。

（一）环境上防控

棚室内及周围环境必须洁净，经常通风换气，保持空气新鲜，培养室内空气相对湿度在55%～60%。室内地面要撒施石灰粉吸潮，并定期打杀菌药和杀虫药。所有的门窗和通风口要设有细纱窗；对所用工具器皿应保持洁净并及时用二氧化氯液体彻底消毒。菇棚或者生产车间建于远离饲养场、垃圾场、污水沟；原有菇棚需最大限度地清理周边卫生，包括粪堆、腐草堆、臭水沟以及垃圾堆、厕所等，并用药喷洒；所有清除出棚的污染料、废料等，均应远离菇棚100m外，进行药物喷洒，然后建堆、发酵处理。生产企业应建立相应的卫生规程，包括人员、设备、厂房、容器、卫生间、洁具间、清洗间、生产过程中设备、管路的清洁和消毒等。

（二）人员上防控

闲杂人员不得入培养室和接种室等无菌房间内。工作人员严格遵守食用菌标准化生产规范，同时应定期培训。工作人员还需养成良好卫生习惯，工作服（包括衣、裤、帽、鞋、短袜等）应定期消毒。

（三）原料上防控

避免使用受潮发霉原材料，要选择新鲜、干燥、无霉变的培养料，用前曝晒2～3天；若生产绿色平菇产品，还要对原料产地进行考察，不能盲目选用原材料。若打过农药和除草剂的原材料则慎重使用。

（四）生产环节上防控

平菇生产是一个系统性的工作，我们要从拌料、装瓶（袋）、灭菌、接种、培养等环节进行防控。

有些农户在调配培养料时含水量过大，结果造成菌瓶（袋）内缺氧，菌丝不易生长，有的还形成拮抗线，这样没有长菌丝的料面极易造成感染。所以培养料含水量要适宜，料要拌匀。

在制作菌瓶（袋）时，有的料袋扎口不严，有的料袋装得过紧造成袋壁上扎眼，有的菌种袋封闭不严、质量不好，结果给杂菌营造了很好的入侵环境，所以我们在装菌瓶（袋）后，一定要仔细检查。

有些农户、企业由于灭菌不彻底，菌袋装量过多或摆放不合理，结果造成菌种培养袋的基质大量污染。

在接种环节，由于接种场所消毒不彻底；或接种时无菌操作不严格；或接种设备选择不当；或接种速度太慢，结果造成杂菌很容易侵入菌袋。因此，接种时要严格无菌操作，接种动作要迅速准确，防止杂菌侵入。

培养室环境不卫生、培养条件控制不当、棉塞受潮等均可引起污染。因此，培养室要定期收拾卫生，并要严格消毒，培养过程中要加强通风换气，严防高温、高湿；在菌种培养过程中要定期检查，及时处理污染菌袋。

储藏时也要注意环境卫生，同时注意湿度不宜过高，避免引起棉塞受潮。

（五）药剂防控

药剂防治是应用最普遍的病害防治手段，用药要了解药物的作用、用途及使用方法等。常见病害的药剂防治见表6-2。

表6-2 常见病害的药剂防治

药剂名称	使用方法	防治对象	农药类别
石炭酸	3%～4%溶液环境喷雾	细菌、真菌	非食用菌登记使用药品；非2004年1月欧盟禁用农药；非《中华人民共和国农药管理条例》不允许使用的药品
甲醛	环境、土壤熏蒸、患部注射	细菌、真菌	
新洁尔灭	0.25%水溶液浸泡、清洗	真菌	
高锰酸钾	0.1%药液浸泡消毒	细菌、真菌	
硫酸铜	0.5%～1%环境喷雾	真菌	
波尔多液	1%药液环境喷洒	真菌	
石灰	2%～5%溶液环境喷洒，1%～3%比例拌料	真菌	
漂白粉	0.1%药液环境喷洒	细菌	
来苏尔	0.5%～0.1%环境喷雾；1%～2%清洗	细菌、真菌	
硫黄	小环境燃烧	细菌、真菌	
多菌灵	1：800倍药液喷洒，0.2%比例拌料	真菌	
苯来特	1：500倍药液拌土；1：800倍药液拌料	真菌	
百菌清	0.15%药液环境喷雾	真菌	
代森锌	0.1%药液环境喷洒	真菌	

药剂名称	使用方法	防治对象	农药类别
霉得克	拌料、喷雾	细菌、真菌	
菇丰	拌料、喷雾	木霉	
克霉灵	100倍拌料，30～40倍注射或喷雾	细菌、真菌	食用菌登记使用药品
优氯克霉灵	拌料、喷雾	木霉	
二氧化氯	拌料、喷雾	细菌、真菌	

（六）物理防控

平菇病害防治要注意"防重于治"，平时的预防工作好，则会降低以后的污染率。随着人们对食用菌品质的要求越来越高，要求食用菌生产应尽可能少用药，而多采用一些物理防护。如基质处理上要经过太阳曝晒、建堆发酵等；菇棚、培养室、层架卫生要定期刷洗等；栽培棚要控制好温度、湿度、光照、通风等因素，使子实体处于健康生长状态。平菇制种、接种的入口处有条件的可设置缓冲间，内部可安放消毒衣柜、风淋设备、臭氧消毒器和紫外线灯等消毒装置；若没有条件的，可采用移动式臭氧发生机给环境消毒、杀菌。

第二节　平菇虫害防治

平菇虫害也是为害食用菌生产的重要原因。有很多昆虫、线虫、螨类及软体动物，它们的成虫或幼虫很喜欢取食平菇的菌丝或子实体。平菇随时面临着被侵害的危险，菌袋受到破坏、产量降低、品质受损，因此采取合适的方法去防治这些虫害是平菇生产中的重要工作。

一、食用菌虫害类型及发生规律

名称、形态	形态特征	发生规律
 菇蚊	幼虫蛆状，乳白色，头部黑色，肉眼可见，可取食培养料、菌丝体和子实体，造成菌丝萎缩，造成"退菌"，并使料面发黑，成为松散渣状。成虫为黑褐色小蚊，有趋光性，活动性强，不直接为害	在13～20℃的温度下，能正常生活和繁殖，一年可发生数代。卵3～5天即可孵化为幼虫

续表

名称、形态	形态特征	发生规律
菇蝇	幼虫为白色半透明小蛆，成虫为黑色或黑褐色小蝇，白天活动，行动迅速，不易捕捉	气温在16℃以上时，成虫比较活跃，气温在13℃以下时活动少
瘿蚊	瘿蚊成业形似小蚊子，微小细弱，肉眼很难看到，幼虫头部、胸部、背部深褐色，其他为橘红色。	瘿蚊主要以幼虫繁殖，幼虫可连续进行无性繁殖，一般8～14天繁殖一代
线虫	线虫是一种体形细长、两端稍尖的线状小蠕虫，肉眼看不到。虫体多为无色	在菇体内繁殖很快，25℃左右幼虫经过2～3天即可发育成熟，并再生幼虫。繁殖周期为10多天一代
螨虫	螨类个体很小，白色、半透明，肉眼不容易看见，它躯体和足上有许多毛。它们直接取食菌丝，造成"退菌"现象；子实体阶段，可造成菇蕾死亡、萎缩或畸形	繁殖力极强，卵呈圆形或椭圆形，淡黄色，壳薄，产出后经3～5天孵化为幼虫。幼虫经蜕皮变为成虫。完成一代生活史需时8～17天
蛞蝓	为软体动物，无壳、有一对触角。直接取食菇蕾、幼菇或成熟的子实体；子实体被啃食处留下明显的缺刻或凹陷斑块，影响菇蕾发育和子实体的商品价值	喜阴潮环境，夜间觅食，每年发生1代
跳虫	体形很小1.2～1.5mm，成堆密集时似烟灰，以跳跃方式活动。分布广为害重。其为害食用菌的菌丝和子实体，导致菌丝消失，子实体遍布褐斑、凹点或孔洞，同时传播螨虫和病菌	气温在20℃以上时，成虫比较活跃，大量发生。每年发生6～7代

二、平菇虫害防治措施

平菇虫害防治也要注意"防重于治"，有些菇农前期生产环节不注意，有轻微虫害时不加以防控，结果就这些看似微小的虫害却在以惊人的速度大量繁殖，几个月后虫害到了不可收拾的局面。有些农户喷了大量杀虫药去防治，结果效果不是很好，连平菇的品质也受到了影响。因此我们一定要从平菇生产的各个环节学会预防虫害。

（一）环境上防控

棚室内及周围环境必须洁净，最大限度地清理周边卫生，包括粪堆、腐草堆、臭水沟以及垃圾堆、厕所等，并用药喷洒；室内地面要撒施石灰粉吸潮，并定期打杀虫药。所有的门窗和通风口要设有细纱窗；菇棚或者生产车间应于远离饲养场、垃圾场、污水沟；菌种生产厂区、培养场所应与原料仓库隔离，避免一些虫卵的传播。高温季节正是各种蚊虫的适宜繁殖期，特别要及时、彻底处理栽培厂区的污染有机物。

（二）人员上防控

闲杂人员不得入培养室和接种室等无菌房间内。工作人员严格遵守食用菌标准化生产规范，同时应定期培训。工作人员还需养成良好卫生习惯，工作服（包括衣、裤、帽、鞋、短袜等）应定期消毒。工作人员不随意四处扔东西，养成及时清理周边杂草、积水和其他有机肥料的习惯。工作期间，处理感染废弃菌棒、虫卵等人员不得随意进入缓冲间、接种室、培养室等场合。

（三）原料上防控

原料在使用前要经过阳光曝晒、发酵处理等措施，对于使用覆土和废料的基质，不仅要经过阳光曝晒、发酵处理等措施，而且要用杀虫药进行喷洒防治。

（四）生产环节上防控

我们也要从拌料、装瓶（袋）、灭菌、接种、培养等环节进行防控。拌料时注意选用洁净的水源，有虫子的水源要经过处理。培养料要预先经过阳光曝晒、发酵处理等后再进行拌料。在制作菌瓶（袋）时，要扎紧料袋口，不要造成袋壁上扎眼、破损等现象。培养袋一定要灭菌彻底，以杀死菌袋内残留虫卵。在接种环节，接种场所彻底消毒，地面要经常清洗；接种环境窗口要安防虫网。培养室要定期收拾卫生、并要定期喷洒杀虫药。在菌种培养过程中发现菇蝇、菇蚊等害虫应及时灭杀。通风窗口要安防虫网。在菇房可安装黑光灯或白炽灯，灯下置一盆加入敌敌畏的菌汤，诱集成虫并杀死。储藏时也要注意环境卫生，同时注意湿度不宜过高。为防止鼠害可安放老鼠夹等器具，外部厂区可饲养几只猫。

（五）药剂防控

药剂防治是应用最普遍的虫害防治手段，用药要了解药物的作用、用途及使用方法等。常见虫害的药剂防治见表6-3。

表6-3　常见虫害的药剂防治

药剂名称	使用方法	防治对象	农药类别
石炭酸	3%～4%溶液环境喷雾	成虫、虫卵	
甲醛	环境、土壤熏蒸	线虫	
漂白粉	0.1%药液环境喷洒	线虫	
硫黄	小环境燃烧	成虫	
50%二嗪农	1500～2000倍药液喷雾	双翅目昆虫	
45%马拉松	2000倍液喷雾	双翅目昆虫、跳虫	非食用菌登记使用药品；非2004年1月欧盟禁用农药；非《中华人民共和国农药管理条例》不允许使用的药品
48%乐斯本	2000倍液喷雾	双翅目昆虫	
40%速敌菊酯	1000倍液喷雾	双翅目昆虫、跳虫	
10%氯氰菊酯	2000倍液喷雾	双翅目、鞘翅目昆虫	
50%辛硫磷	1000倍液喷雾	双翅目昆虫	
80%敌百虫	1000倍液喷雾	双翅目昆虫	
20%速灭杀丁	2000倍液喷雾	双翅目昆虫	
25%菊乐合酯	1000倍药液拌覆土	双翅目昆虫、跳虫	
除虫菊粉	20倍药液喷雾	双翅目昆虫	
鱼藤精	1000倍药液喷雾	双翅目昆虫、跳虫、鼠妇	
氨水	小环境熏蒸	双翅目昆虫、螨类	
73%克螨特	1200～1500倍药液喷雾	螨类	
食盐	5%～10%药液喷雾	蛞蝓、蜗牛	
菇虫一熏净	点燃熏蒸	双翅目、鞘翅目昆虫	
锐劲特	5%悬浮剂2000倍药液喷雾	昆虫、螨类等	食用菌登记使用药品
菇净	1500倍药液喷雾	昆虫、螨类	

（六）物理防控

利用空调等制冷设备调节环境温度使相关虫害处于不舒适的环境以抑制其繁殖、生长；这个过程要选择好食用菌子实体生长温度和抑制虫害发生的最佳结合点。

于菌种培养室、出菇室的通风换气口设置高密度防虫网，有效阻挡菇蚊、菇蝇等害虫的进入。

充分利用太阳能、地热、生物热等资源灭杀培养料内虫卵。

安装黑光灯，利用成虫趋光性的特点，加以诱杀。

利用黄板进行诱杀，对防控菇蚊、菇蝇、瘿蚊等的成虫有一定防治效果。

有的科研单位利用电磁、超声波、电离辐射等技术进行环境中病虫害的灭杀。

生产常见问题及解析

案 例 一：在秋冬季进行平菇栽培的过程中，发现平菇菌盖边缘出现盐霜状或菌盖边缘呈现波浪形。

问题解析：出现这种现象的主要原因是出菇环境温度过低造成的。

对　　策：当培养环境温度在5℃甚至更低时，平菇子实体就会产生一些低温反应。此时应注意加强菇棚和菇房的保温工作，使环境温度维持在10℃以上。

案 例 二：在平菇菌丝体阶段，出现菌丝发黄死亡，上常伴黄色黏液水珠；后期菌袋端口极易被青霉和绿霉污染，出现菌袋从袋口开始整袋变绿的现象。子实体发生阶段，子实体颜色泛黄、水肿状，菌盖形态不正常，后期呈软腐并散发出腥臭味。

问题解析：这属于平菇细菌性腐烂病，俗称"黄菇病"。出现这种现象的主要原因有：一、该平菇品种菌种质量、活力下降；二、连年使用老菇棚，同时菇棚环境消毒不彻底；三、菇棚内空气不流通；四,一次性喷水过量或水质不清洁。

对　　策：一、每年栽培的平菇播种要选用新鲜、活力和抗性强的菌种；对于一些老化的菌种，切忌勿贪图便宜而酿成大损失。二、菇棚在连续使用3年以，更需注意消毒工作。使用前要对菇棚进行阳光充分暴晒；之后在使用前一周使用杀菌和杀虫药反复喷洒或熏蒸杀死杂菌和害虫。三、在菇棚管理过程中，要注意定期进行菇棚或菇房内通风换气，始终保持空气清新。四、在出菇阶段，切忌直接网平菇子实体上一次性喷洒大量的水，以致造成菌盖上都有积水，如果此时环境通风又不好，在高湿缺氧环境下就很容易诱发此病。同时水源要不清洁，可使用一些消毒剂进行消毒后使用。五、如发生该病后，可使用3000～5000倍的农用链霉素或二氧化氯，或2500倍万消灵溶液即时进行防治。

案例三：在平菇子实体发生过程中，管理方法都符合规范，但平菇子实体菌柄发育肿胀，菌盖小；有的子实体形成喇叭形、菊花状等；还有的平菇菌盖表面伴有水渍状条纹等。

问题解析：出现这种现象的主要原因是由平菇感染病毒引起的。

对　策：一、一定要选用母种经脱毒后制作的菌种。一些不正规、没有权威和生产资质的商家菌种谨慎选用；二、栽培过程中要按照标准化平菇栽培方法进行管理。三、出菇环境严格进行消毒管理，若已发现有感染病毒的平菇菌株，可使用"抗毒剂1号"300倍液，"强力病毒清"600倍液或"病毒净"500～600倍液间隔喷洒。

案例四：在冬春季栽培平菇的过程中，有的农户为了给菇棚或菇房增温，采用火炉等给棚室加温，结果发现靠近炉火位置的平菇子实体呈现蓝色。

问题解析：出现这种现象的主要原因是由于平菇吸收炉火中一氧化碳引起的。

对　策：给棚室增温最好选用暖气或密闭性好的火墙，避免将火炉直接放在棚室内；有条件的出菇房可选用空调或地热调控温度。

案例五：有的农户在栽培食用菌过程中，发现菇棚内蚊虫较多，难以防范。

问题解析：造成菇棚内蚊虫较多的原因主要有以下五方面。一、菇房选址不当，靠近养殖场和污水源等场所；二、菇棚每次栽培前没有充分对棚区进行消毒、杀菌工作；三、培养原料处理不得当，尤其是利用发酵料进行栽培平菇时，料未完全发酵好就进行播种栽培；四、菇棚自身防范不严密，比如有的菇棚未安装防虫网、黏虫板等。五、有的菇农在虫害刚刚发生时未及时防控，结果造成蚊虫越来越多。

对　策：一、菇房和菇棚要远离养殖场和污水源；二、菇棚每次栽培前应对棚区进行消毒、杀菌工作，比如利用太阳光对棚进行暴晒，向棚内撒生石灰，同时密闭菇棚使用杀虫、杀菌剂进行熏棚；三、在做发酵料栽培时，要充分发酵好培养原料；四、菇棚要在通风口安装高密防虫网，菇房内要悬挂黄板或黑光灯进行防控；五、虫害刚刚发生时要及时喷洒杀虫剂或点燃熏蒸剂进行烟雾熏杀，以防止害虫进一步扩散。如果特别严重的，则应视情况选择好的菌包换场地培养，严重的菌包则应深埋、发酵或当一部分原料添入栽培料内做全熟料栽培平菇使用。切忌不要幻想通过过量使用农药去控制虫害，否则严重影响平菇的产品安全。

案　例　六：在平菇栽培场地常发现地上、菌包等上面有一条发亮浅白色的印记。

问题解析：出现这种现象的主要原因是由于蜗牛或蛞蝓爬过后留下的印记。

对　策：蜗牛和蛞蝓会取食平菇子实体，造成平菇子实体失去商品价值。因在这些小动物常出没的地方撒生石灰或喷洒高浓度的大粒盐水来防治这些小动物。

案　例　七：平菇子实体在菌褶的一面，发现菌褶被咬食残缺，菌盖上还有许多小空洞，并伴有许多红褐色斑点。

问题解析：出现这种现象的主要原因是由于跳虫引起的。跳虫又名烟灰虫，形体极小，擅长跳跃，喜欢群集。当环境过于潮湿、不清洁时易造成跳虫大量繁殖。

对　策：当棚室发生跳虫时，应降低环境湿度；同时喷洒一些药剂进行防治，如0.1%鱼藤精、80倍的三氯杀螨砜、40%速敌菊酯、25%菊乐合酯等。

第七章　平菇的保鲜及加工

第一节　平菇的保鲜技术

平菇采收后，由于细胞仍然具有生命力，进行着呼吸作用和各种生化反应，会出现菌盖开裂、腐烂等，严重影响了平菇的外观和品质。这种情况下，就需要对新鲜平菇子实体采取一定手段使平菇的商品价值和食用价值得以保持较长的时间，以此来增加商品菇的市场竞争力。我们这里介绍平菇保鲜的基本方法。

一、平菇保鲜原理及类型

（一）平菇保鲜原理

平菇保鲜的原理就是采取有效措施降低平菇子实体的新陈代谢速度，抑制病原微生物繁殖，使子实体较长时间处于新鲜、品质不变的状态。平菇保鲜常采用冷藏、真空保鲜、气调保鲜、辐射保鲜、化学药剂保鲜、负离子保鲜等方法，通过这些方法可使代谢进程缓慢，或是抑制机体内的化学反应，或是杀灭了新鲜菇体表面病原杂菌，从而使平菇机体内部营养最小限度地损耗。

（二）平菇保鲜类型

1.冷藏保鲜

冷藏保鲜是通过冰块或机械制冷，使食用菌子实体通常处于 $3 \sim 5℃$ 低温，使平菇在该环境下生理代谢减弱，从而达到保鲜的目的。

2.气调保鲜

气体保鲜是通过增加新鲜子实体周围 CO_2 和 N_2 的含量，减少 O_2 的含量，使食用菌机体内部由于缺 O_2 不能进行正常的生理代谢；同时子实体外部微生物由于缺 O_2，其活性和繁殖力急剧降低，从而达到保鲜的目的。

3.辐射保鲜

辐射保鲜是通过高能量的射线，如γ-射线、钴60等，每天以一定剂量一定时间对菇体进行辐射，以减慢菇体内代谢反应速度，抑制褐变及增加持水；同时，还抑制或杀死腐败微生物或病原菌。

4.化学药品保鲜

化学药品保鲜是通过往菇体上定量喷施生长抑制剂、酶钝化剂、防腐剂、去味剂、脱氧剂、pH值调节剂等化学药品来减慢菇体内代谢反应速度，抑制腐败、变色等变化，如喷洒0.1%的焦亚硫酸钠、0.6%的氯化钠、4mg/L的三十烷醇水溶液、0.1%草酸等。

二、平菇保鲜工艺

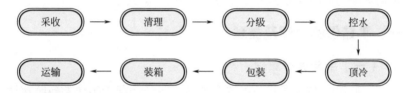

采收 → 清理 → 分级 → 控水

运输 ← 装箱 ← 包装 ← 预冷

平菇子实体于六七分成熟时应及时采收。不要选择已老化卷边、弹射完孢子、有破损和病虫害的菇进行保鲜。另外采收标准也要根据市场需求和订单等来进行采摘。

对于平菇基部的菌柄应削去2～3cm，若覆土栽培的平菇应除去菌柄基部沙土，之后按照市场需求的产品标准进行初步分级、称量、装框。并在装好框的平菇子实体上覆盖一层薄膜以防止菌盖开裂。

作为鲜销的平菇，由于销售地点、消费人群的不同，市场需求也不同，故应根据各地市场状况进行分级整理。如果属订单销售，则应按订单要求进行分级；如果产品用于出口，除按合同要求进行分级外，尚应对产品进行抽样送检，检验其药物残留等指标。

分级后平菇利用太阳能或热风将平菇子实体表面水分略加干燥，使其含水量控制在75%～85%。这样平菇子实体表面含水量降低，可以抑制一些病源微生物在其表面生长，使保鲜时间得以延长。但一定要注意适度干燥，以免水分散失过多而影响到菇体的形态和色泽等。

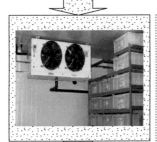

子实体表面水分略加干燥后，使鲜菇含水率在75%左右，将之装入周转箱中，运至2～3℃的包装车间进行预冷，冷透至菇体内部2～3℃时，移入包装车间进行分级包装。在该过程中，一定要将菇体内部完全冷透彻底，否则容易造成在保鲜过程中热平衡不稳定，从而影响到平菇的保鲜时间。

预冷好的菇体可采用低压聚乙烯泡沫盒200g装或300g装。之后封好保鲜膜、贴好标签。薄膜的透气性对保鲜效果有重要影响，市售包装薄膜是用0.04～0.06mm厚的聚乙烯薄膜封口。在泡沫盒内还可放纸板盒以吸收冷凝水，这种保鲜期可达10天。也有的在膜壁上镶有一块硅橡胶膜作气体交换窗，保鲜效果更好。

长途运输时，可装小包装后再装入大保温箱内，密封后装运即可。现在也可以使用聚苯乙烯(EPS)保鲜包装箱进行装箱，该材料无毒、环保、导热性低，可进一步提高平菇的保鲜效果。

气温过高，应使用冷藏车运输；使用一般厢式货车时，应在保温箱内加入冰块，再装入小包装直接装箱。无论使用哪种方式，一定要结合路程远近和市场需求，及时将食用菌保鲜产品销售出去，尽可能降低库存期。运输前应确认下述事项：最佳温度设定；新鲜空气换气量设定；相对湿度设定；运输总时间；货物体积；采用的包装材料和包装尺寸；所需的文件和单证等。

第二节　平菇的干制技术

平菇干制也是平菇初加工中的一个重要手段，目前市场上平菇干制品也有一定市场。平菇经干制后，保存期延长、不易变质、营养丰富、口感风味独特，深受市场青睐。它可用于食用菌市场生产淡季、解决周年市场供应问题。同时，对于一些企业和农户，当一次性采集大量新鲜平菇子实体而无法及时出售时，则可考虑采用平菇干制法来加工、保存一部分产品。

一、平菇干制原理及类型

（一）平菇干制原理

平菇干制的原理就是利用外界热源降低平菇子实体内部含水量，使平菇机体内部代谢进程停止，同时由于菇体表面干燥阻止了病原杂菌的繁殖空间，从而使平菇干制品得以长期保藏。

（二）平菇干制类型

1.自然干制

自然干制是在水泥地面或地上铺塑料膜后，将鲜菇单层排放，利用太阳光或自然界热风将鲜菇内所含水分排除（蒸发）出去，使之变干。但该法适宜于气候干燥地区或高温季节，受气候影响较大，不适宜大规模商品化生产。

2.机械烘干

需利用一些烘干设备，如回转热风炉、烘房、炭火热风、电热以及红外线等热源，用排气扇将回转热风炉内高温热量强行吹入到两侧烘干室底部，通过排湿筒将鲜菇的水排出，达到强制烘干的目的。简易烘房结构见图7-1。

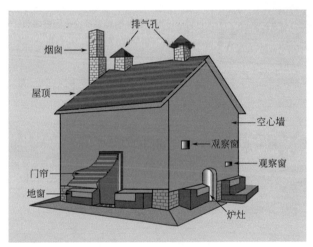

图7-1 简易烘房结构

3.冻干技术

菇冻干是将菇体首先进行快速低温冻结，之后在40～55℃下的高真空状态将菇体内部的水分直接升华出去。该技术不但不改变物料的物理结构，基本保持原有形状。而且，其化学结构变化也甚微。升华时，可溶性无机盐就地析出，避免无机盐因水分向表面扩散所携带，而造成物料表面硬化现象。因此，冻干食品复水后容易恢复原有的性质和形状，不但保住了其食品特有的色、香、味、形及营养成分，还延长了产品贮藏和商品的货架寿命，保质期可达3～5年。

二、平菇干制工艺

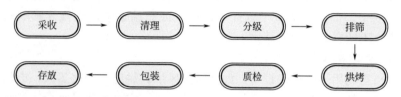

采收 → 清理 → 分级 → 排筛

存放 ← 包装 ← 质检 ← 烘烤

平菇子实体于成熟时及时采收；不要选择已老化、弹射完孢子、有破损和病虫害的平菇进行干制。另外采收标准也要根据市场需求和订单等来进行采摘。

去除菇体表面杂质，切除基部菌柄；形体大的平菇可切片或撕条处理。覆土栽培品种应去菌柄基部沙土，袋料栽培平菇应适当切除基部菌柄。若表面不清洁的平菇应用自来水进行清洗。

由于销售地点、消费人群的不同，市场需求也不同，故应根据各地市场状况进行分级整理。如果属订单销售，则应按订单要求进行分级；如果产品用于出口，除按合同要求进行分级外，尚应对产品进行抽样送检，检验其药物残留等指标。可以人工手工分级，也可使用筛分机进行分级。

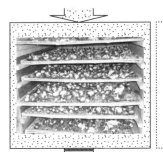

　　在烘干筛上，鲜菇应单层排放，不能重叠，菌褶朝下，大菇、厚菇于下层，小菇、薄菇于上层均匀排放在筛架上。不可摆放过厚，以免影响烘干速度和质量，或者造成菇体粘连。对于一些形体再大的菇体应切片进行干制。一次不可放入过多，以免影响干制效果。

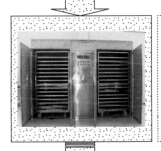

　　烘烤时把握温度"先低后高"的原则，初温在35～40℃，之后每隔1h升高5℃，当升温至55℃左右时，保持此温直至烘干，期间始终打开排风口。发现蘑菇快烘干时，烘箱内温度降至40℃左右，维持1h后，关闭排风口。

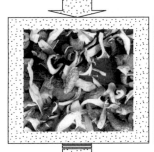

　　烘干的平菇含水量应在13%以下，菇体菌褶淡黄，香味浓，干品摇晃时有"哗哗"的声音。并进一步检查平菇干制产品的干湿比项目是否合格，水分是否超标；平菇干制品中重金属、二氧化硫残留量是否超标等。

　　烘干的平菇子实体要及时密封，包装于相应规格的塑料袋，以避免干菇体返潮。之后将其装入硬质纸盒箱。包装盒外观设计要求主题突出、寓意深刻；表现要求简约、大气、高档，突显绿色、有机食品包装风格。

产品若不能及时销售，应提前存放于干燥、洁净、无污染的仓库进行保存。仓库内部也要注意提前消毒、杀虫、防鼠。储存场所条件应与产品标相应适应,如必要的通风、防潮、温控、清洁、采光等条件,应规定入库验收,保管和发放的仓库管理制度或标准,定期检查库存品的状况,以防止产品在使用或交付前受损坏或变质。

第三节　平菇的盐渍技术

目前我国食用菌市场中盐渍产品种类也很多，盐渍姬菇、盐渍杏鲍菇、盐渍草菇、盐渍鸡腿菇、盐渍白平菇、盐渍滑子菇等。食用菌经盐渍后，贮藏期极大延长，同时具有其特有的风味和营养，因此食用菌盐渍技术也是非常实用的一项技术。下面我们就平菇盐渍技术给大家做一下介绍。

一、平菇盐渍原理

平菇盐渍是利用高浓度食盐溶液产生较大渗透压对经过杀青的平菇子实体周围微生物细胞脱水造成其生理干旱，导致细胞死亡或处于休眠状态，通过这种手段达到抑制有害微生物的作用。而被盐渍平菇子实体则可以长期保存、不会变质。

二、平菇盐渍工艺

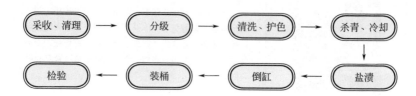

　　根据平菇的盐渍标准，适时采收新鲜、无病虫害、无破损、无机械损伤的平菇作为加工对象。平菇要把成丛的子实体逐个掰开，淘汰畸形菇；若有直径超5cm以上的平菇了实体则应将其撕成条状后盐渍。

　　采后的平菇要及时修剪其菌柄基部，达到盐渍标准。含水量90%左右，色泽正常，不同色泽的菇要分开，盖缘不能波曲卷缩和残缺不完整，整批菇破碎率低于5%，柄长在3cm以内，切口要平整。当天采收的鲜菇要当天进行加工。

　　平菇盐渍产品多以幼嫩为主，往往受到地区消费习惯、出口标准限制等而有不同的分级标准。同时还要考虑品种、栽培基质、栽培设备、设施、栽培环境、是否绿色产品、生长的形态指标、营养成分含量等来综合确定平菇的分级类别。

　　将分级后的平菇及时使用流动的清水进行菇体的清洗，注意清洗时水流不可过大、过急，动作要轻盈，以防止对菇体造成破坏。于一些色泽洁白的平菇，防止其在加工过程中变色，常用0.6%～2%的食盐溶液，或0.1%的柠檬酸，或用300mg/kg的Na_2SO_3溶液，或500mg/kg的Na_2SO_3溶液中浸泡2min后护色，以防褐变；护色结束后，及时使用流动的清水进行漂洗。

于不锈钢锅或工厂大型杀青槽中,将鲜菇在开水中快速煮熟,使其机体机能丧失,并根据鲜菇品种、个头大小,以菇体中心煮熟为度,但不能煮过劲。煮熟后的菇品能在冷水沉底、不粘牙、无白心。之后杀青后的平菇菇体进入冷水槽中流水快速冷却,挑出碎菇、破菇。根据加工的平菇形态、大小、质地等选择合适的方法、时间对菇体进行煮制,时间不可过短或过长。此过程中不能用铁锅,否则易发生变色。

菇盐比按100kg鲜菇用盐量为25kg,铺一层菇撒一层盐,最上面撒一层食盐封顶,然后拿竹签盖严,用干净石块压实。缸装满后,然后灌入饱和食盐水、柠檬酸,调pH值为3~3.5,让盐水淹没菇体。注意饱和食盐水要拿沸水制作,并使其浓度为23°Bé(波美度)。

25℃以上时,第3天应倒缸一次,温度偏低时,可5~7天倒缸一次。操作中要测量缸中盐水浓度,当其浓度低于20°Bé时,应注入新的饱和食盐水。当发现缸中饱和盐水浓度保持不变时,即不用再调节盐水浓度。期间若有污染,则要对饱和盐水重新进行煮沸后用。

一般约经15~20天可完成盐渍,即装桶销售。盐渍好的菇体色泽符合品种自身颜色特点,菇体完整、不破碎、菇质细嫩、不老化、无蛆虫、无杂质、无污染的产品为合格盐渍品,之后装桶至额定重量后,再灌入pH值为3的饱和食盐溶液,再撒一层食盐封口,旋紧桶盖,即为食用菌盐渍成品,其保藏期可达约1年。

检测、调整　加工盐渍菇的最后一道工序是检测盐水的酸碱度和盐度。盐度均需达到22°Bé，偏低时可加饱和盐水调整；酸碱度不足时，可用柠檬酸调节，pH值为3～3.5。凡外销的盐渍菇，需经外贸和商检部门抽检复查合格后，方可出厂上市。

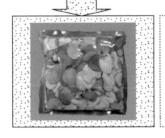

菇体呈浅灰色，允许少量呈淡褐色；具有平菇经腌制后应有的风味和香气，无异味；无杂质；同一桶内，菇体大小均匀，符合分级标准，致病微生物不得检出。符合国家食品无菌标准要求，即可成桶出售；也可使用塑料袋软包装进行包装。

第四节　平菇的罐藏技术

食用菌罐藏多以铁罐、玻璃瓶罐为主，近年也有采用聚丙烯尼龙复合袋等软包装。罐头风味主要有清水型和淡盐型两种。下面就平菇的罐藏技术做一下介绍。

一、平菇罐藏原理

平菇罐藏保藏的原理主要是由于密封的罐藏容器隔绝了外界的空气和各种微生物的侵害，同时平菇菇体经过了高温杀菌处理，罐内微生物被完全杀死，因此罐内的平菇不会受到外界不良的影响从而得以长期保藏。

二、平菇罐藏工艺

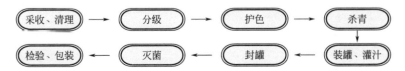

选出七八分熟未开伞，适宜制罐的新鲜平菇作为加工对象；将其菇柄基部剪去，并除去菇体上其他吸附杂质。不要选择已老化、弹射完孢子、有破损和病虫害的菇进行罐藏。

将平菇子实体按照市场要求或出口标准进行分级，同时还要考虑品种、栽培基质、栽培设备、设施、栽培环境、是否绿色产品、生长的形态指标、营养成分含量等来综合确定平菇的分级类别。

对于一些色泽洁白的食用菌，防止其在加工过程中变色，常用0.6%～2%的食盐溶液，或0.1%的柠檬酸，或用300mg/kg的Na_2SO_3溶液，或500mg/kg的Na_2SO_3溶液中浸泡2min后护色，以防褐变；护色后，及时拿流动清水进行清洗。此外还有热烫法、氧气驱除法和酸处理法等。

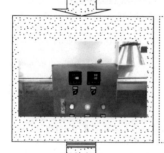

在铝锅或不锈钢锅或工厂内专用杀青锅内以0.07%～0.1%柠檬酸液沸煮5～8min(煮透为准)，之后杀青后的菇体进入冷水槽中流水快速冷却，挑出碎菇、破菇。不同的食用菌形态、大小、质地均不同，选择合适的方法、时间对菇体进行煮制，时间不可过短或过长。此过程中不能用铁锅，否则易发生变色。

　　容器清洗消毒后，按照罐头标准加入适量的平菇和汤汁。一般应装至罐高的3/4处，或软包装装至1/2处。实际应按定量进行计量。汤汁调配要根据食用菌品种和产品口味等要求，调配各种不同的汤汁，并烧开，趁热于90℃以上注入罐内。注意灌汁数量，低于罐口1cm即可。

　　测罐内温度80℃以上时，可趁热封盖；低温时应加热处理。规模化企业生产时应使用真空机抽空后再封罐；软包装可直接使用真空封罐机封口。封罐一般用封罐机进行，型号很多，有自动、半自动和真空封罐机三种，基本原理和部件都是一样的，即通过两个滚轮，第一个滚轮的作用是将罐身边与罐盖紧密卷5层，第二轮是将形成的缝线压平，使形成严密封闭状态

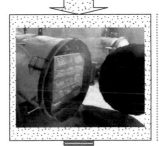

　　封盖后的罐头采用高压灭菌，根据不同的罐头型号应采取不同的杀菌方式，通常罐号为668、761、6101、7114的杀菌公式为10′—（17′～20′）—反压冷却/121℃；罐号为9124的杀菌公式为15′—（27′～30′）—反压冷却/121℃；罐号15173、15178的杀菌公式为15′—（30′～40′）—反压冷却/121℃；杀菌后迅速冷却至37～40℃。

　　为了检查罐头产品是否合格，要将罐头送入保温室进行培养，培养温度37℃左右，不低于35℃。经1周左右保温，即可进行检验及抽样，确认合格与否，是否有变质和不良气味等发生。

正品罐头按产量的1%～3%随机抽样进行开罐检查，凡汤汁清晰，菇体色泽淡黄，菇柄脆嫩，菇盖软滑，具有平菇固有风味的罐头为上品。确认合格的平菇罐头，粘贴标签，装箱入库，在1～2℃环境下存放。

第五节　平菇的速冻技术

一、平菇速冻原理

速冻一般是指运用现代冻结技术在尽可能短的时间内，将食品湿度降低到其冻结点以下的某一湿度，使其所含的全部或大部分水分随着食品内部热量的散发而形成微小冰晶体，最大限度地减少食品中的微生物生命活动和食品营养成分发生生化变化所必需的液态水分，达到最大限度地保留食品原有的天然品质的一种方法。速冻不严重损伤细胞组织，从而保存了食物的原汁与香味，且能保存较长时间。

二、平菇速冻工艺

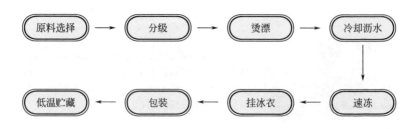

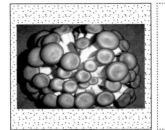

选出六七分熟，适宜速冻的新鲜平菇作为加工对象；将其菌柄基部剪去，修剪成菇盖直径3cm以上，菇柄长度剪成1cm，并除去菇体上其他吸附杂质。不要选择已老化、弹射完孢子、有破损和病虫害的平菇。

将平菇子实体按照市场要求或出口标准进行分级，同时还要考虑品种、栽培基质、栽培设备、设施、栽培环境、是否绿色产品、生长的形态指标、营养成分含量等来综合确定平菇的分级类别。

加清水于烫漂槽中，加水量为槽容量的2/3左右，水中加入0.05%～0.1%的柠檬酸。待烫漂液加热煮沸后，将平菇倒入槽中烫漂，平菇的加入量为烫漂液的20%～30%。轻轻搅动菇体，使之受热均匀。烫漂液温度控制在95℃左右，一般烫漂5～8min。

烫漂结束后立即置3～5℃流动的清洁冷水中快速冷却。冷却后，将平菇菇体装入干净纱布袋或尼龙袋中，置离心机中脱水；或使用蘑菇沥水风干机流水线对菇体表面水分进行吹干。

先将菇体表面附着水分滤去，单个散铺于冻结盘中，置螺旋冻结机进口的网状传送带上送入机内，在 -25~-37℃下进行冻结，约30~40min，冻品中心温度可达到-18℃。

从螺旋冻结机出口取出已冻结的平菇，在低温房内逐个拣出放入有孔塑料筐或不锈钢丝篮里，每筐约 2kg，置1~3℃清水中，浸2~3s，立即提起倒出平菇，在菇体表面很快形成一层透明的薄冰，这层冰能使菇体与外界隔绝，防止平菇菇干缩、变色，可延长储藏时间。

在-5℃以下低温环境中进行，用耐低温、透气性低、不透水、无异味、无毒性、厚度为0.06~0.08mm聚乙烯薄膜袋盛装，按出口要求，有0.5kg装和2.5kg装两种规格。然后，装入双瓦楞纸箱，箱内衬有一层防潮纸。外包装纸箱，纸箱表面必须涂油，防潮性良好，内衬清洁蜡纸，外用胶带纸封口。所有包装材料在包装前须在-10℃以下低温间预冷。

将检验后符合质量标准的速冻平菇迅速放入冷藏库冷藏。冷藏温度-18~-20℃，温度波动范围应尽可能小，一般控制在±1℃以内，速冻平菇宜放入专门存放速冻蔬菜的专用库。在此温度下冷藏期限 8~10个月。

生产常见问题及解析

案　例　一：在平菇保鲜的过程中，有的企业在将新鲜平菇存放入冷库时，未经排湿、预冷就直接将鲜平菇放入冷库。

问题解析：如果平菇保鲜之前排湿不足，会造成以后受冷库低温影响而品质下降，同时容易引起腐败；若不经过预冷，一则会由于菇体内温度上升而造成冷库温度不稳定，影响到今后保鲜时间；二则会增加制冷设施的能耗。

对　　策：一、分级后的平菇在入库前，首先利用太阳能或热风将新鲜平菇子实体表面水分略加干燥，使其含水量控制在75%～85%。这样平菇子实体表面含水量降低，可以抑制一些病源微生物在其表面生长，使保鲜时间得以延长。但一定要注意适度干燥，以免水分散失过多而影响到菇体的形态和色泽等。一般以菌盖表面不起皱、不粘手时作为排湿标准。二，子实体排湿后，将之装入周转箱中，运至2～3℃的包装车间进行预冷，冷透至菇体内部2～3℃时。在该过程中，一定要将菇体内部完全冷透彻底，否则容易造成在保鲜过程中热平衡不稳定，从而影响到平菇的保鲜时间。

案　例　二：在平菇盐渍的过程中，发现盐渍桶内的平菇总易被污染，表面常长白色、黄色或绿色等霉菌。

问题解析：平菇盐渍过程中，如果杀青、冷却不彻底，容器不洁净，饱和食盐水的盐度和酸度调节不好，均会感染霉菌。

对　　策：一、杀青要选用不锈钢锅，将菇装在竹篮里，水菇比为10：4，炉灶烧旺火，水沸后将装好菇的竹篮一同下锅，在沸水中不断摆动，使菇体完全浸没在沸水中，随时捞去泡沫，煮沸7～10min，以剖开菇体无白心，内外色泽一致，放入清水中不漂浮，即可起锅。二、子实体杀青后，一定要在流动的冷水中冷却透彻，否则后期易变质。同时注意沥干菇体表面水分。三、盐渍的容器一定要清洗和消毒后再用。四、盐渍过程中要经常用波美比重计测盐水浓度，使其保持在23° Bé左右，若盐度不足就使用煮沸后冷却的饱和盐水进行调整；酸度用柠檬酸调至pH值为3～3.5，同时让饱和盐水淹没菇体。

案例三：在平菇干制的过程中，发现平菇子实体干制后极易皱缩。

问题解析：平菇干制过程中，如果初温、干制中期和后期温度控制不好，则易引起平菇子实体皱缩。

对　　策：一、平菇干制起始的初温不宜过高，通常为35℃；若超过40℃，则易造成菇体表面水分挥发过快而变坚硬，影响内部水分挥发；若低于30℃，会引起菇体皱缩。二、在干燥中期，常要控制温度每小时升高4～5℃，直至升至55℃左右，保持此温直至烘干，期间始终打开排风口，当发现排出的水蒸气逐渐减少时要相应降低通风量，以免由于菇体内外水分挥发不平衡而皱缩。三、在干燥后期，发现蘑菇快烘干时，烘箱内温度降至40℃左右，维持1h后，关闭排风口。平菇干燥后因其极易在空气中吸湿、回潮，所以应该待热气散后，立即用塑料袋密封保存，袋内可同时放置生石灰、无水氯化钙或硅胶等干燥剂小袋进行除湿。

案例四：在平菇速冻后挂冰衣的过程中，发现速冻平菇有的菇体粘连成团块；有的菇体上难挂冰衣。

问题解析：平菇挂冰衣的过程中，如果水温和浸挂时间操作不当，则会出现以上现象。

对　　策：从螺旋冻结机出口取出已冻结的平菇，在低温房内逐个拣出放入有孔塑料筐或不锈钢丝篮里，每筐约2kg，再浸入1～3℃的清洁水中2～3s，拿出后左右振动，摇匀沥干，并再操作1次，使菇体表面很快形成一层透明的薄冰。

案例五：在速冻平菇包装过程中，发现有的菇体出现解冻现象。

问题解析：当环境温度在-1℃以上时速冻平菇会发生重结晶现象，极大地降低速冻平菇的品质。

对　　策：包装环境必须保证环境温度在-5℃以下低温中进行，包装间在包装前1小时必须开紫外线灯灭菌，所有包装用工器具，工作人员的工作服、帽、鞋、手均要定时消毒。所有包装材料在包装前须在-10℃以下低温间预冷。

[1] 卯晓岚. 中国经济真菌 [M]. 北京：科学出版社，1998.

[2] 黄年来. 中国食用菌百科 [M]. 北京：中国农业出版社，1993.

[3] 黄年来. 食用菌病虫害防治（彩色）手册 [M]. 北京：中国农业出版社，2001.

[4] 黄年来. 18种珍稀美味食用菌栽培 [M]. 北京：中国农业出版社，1997.

[5] 卯晓岚. 中国大型真菌 [M]. 郑州：河南科学技术出版社，2000.

[6] 张金霞. 食用菌安全优质生产技术 [M]. 北京：中国农业出版社，2004.

[7] 张金霞. 食用菌菌种生产与鉴别 [M]. 北京：中国农业出版社，2002.

[8] 农业部微生物肥料和食用菌菌种质量监督检验测试中心，中国标准出版社第一编辑室编. 食用菌技术标准汇编 [M]. 北京：中国标准出版社，2006.

[9] 王波. 最新食用菌栽培技术 [M]. 成都：四川科学技术出版社，2001.

[10] 杨新美. 中国食用菌栽培学 [M]. 北京：中国农业出版社，1988.

[11] 李洪忠、牛长满. 食用菌高产优质栽培 [M]. 沈阳：辽宁科学技术出版社，2010.

[12] 陈士瑜. 食用菌栽培新技术 [M]. 北京：中国农业出版社，2003.

[13] 暴增海，张功. 食用菌栽培学 [M]. 长春：吉林科学技术出版社，2002.

[14] 黄毅. 食用菌栽培(上、下册)[M]. 北京：高等教育出版社，1998.

[15] 牛长满. 食用菌生产分步图解技术. [M]. 北京：化学工业出版社，2014.